懒蚂蚁

希格斯粒子
上帝粒子发现之旅

CERN AND
THE HIGGS BOSON

The Global Quest for
the Building Blocks
of Reality

［英］詹姆斯·吉利斯

著

倪丹烈

译

重庆大学出版社

目 录

1

爆炸性新闻

▶▶▶

2012 年 6 月 15 日

电话铃响时，正好是下午三点。我正在花园里寻找我几个月前种下的蔬菜。电话另一端传来声音："我刚才看到的并没有消失。"那是奥斯汀·鲍尔，他是我在欧洲核子研究中心做大型电子正子加速器（OPAL）实验时的老朋友。欧洲核子研究中心是一所位于日内瓦附近的欧洲粒子物理学实验室。那天一大早，他就看到了探索希格斯粒子的实验结果。当操作大型强子对撞机（LHC）的物理学家第一次看到实验结果时，他就在现场，所有人都看到了这让人心跳加速的一幕。

这样的情况少之又少：一名科学家，或一屋子科学家，可能是第一个或第一批发现一些对人类来说完全陌生的事物的人。我真想待在那个房间里——但 20 年前，我放弃了自己的研究工作，加入了欧洲核子研究中心的公共通信团队。在给我打电话之前，奥斯汀仔细考虑了很久，他有着充分的理由：在实验人员完全确定他们已准备好公布之前，最新的实验结果是严格保密的。能得到如此信任并被带入这个享有特权的核心圈子，我感到无比荣幸。现在，我发誓保守秘密，我也知道我们有工作要做。我们必须为这个实验室历史上最重要的新闻发布做好准备。我们必须谨言慎行。

大型强子对撞机是欧洲核子研究中心的旗舰研究仪器。大约四年前，它因各种原因而遭人非议。作为世界上最大的科学探究仪器，它的价格也与之相当，并且作为100多个国家、数千名科学家和工程师的全球合作项目的主办方，完全掳获了公众的注意力。对许多人而言，欧洲核子研究中心对我们所居住的奇怪而奇妙的宇宙的探索，代表了人类真正的精神力量，即当人类抛开分歧，努力实现一个共同目标时人类所拥有的团结协作模式。然而，对另一部分人而言，这是不负责任且危险的，甚至让人联想到《圣经》中巴别塔的故事：一种对神的傲慢和冒犯。

不管人们怎么想，最终的结果是全世界的眼睛都盯着欧洲核子研究中心。对这一特别结果的公布，并未放在实验室的主礼堂内向一群作为独家观众的物理学家平静地进行，而是将其置于更大的场面中公布。

粒子物理学研究的时间跨度很长。大型强子对撞机的设想始于20世纪70年代末，其主要研究目标甚至可以追溯到1964年。那一年，罗伯特·布劳特、弗朗索瓦·恩格勒在《物理评论快报》杂志上合作发表论文，同时，彼得·希格斯也独立发表了一篇论文，他们都提出了一种给基本粒子以质量的机制。为何要关心这个问题呢？因为我们自身，以及我们在宇宙中所看到的一切，都是由基本粒子构成的，没有质量，这些粒子就无法形成任何固体。换句话说，我们将不存在。

从20世纪60年代初开始，对质量的解释被列为基础物理学中最紧迫的谜题之一，几乎要花费半个世纪的时间才能解开。所幸，物理学家通常都很有耐心。任何实验若要提供实验证据来证实布劳特、恩格勒和希格斯的想法，在此以前至少需要十年的理论工作。直到几十年后，才能靠科学技术制造出最终解开谜团的仪器。

大型强子对撞机的研发始于20世纪80年代中期，而实验则始于20世纪90年代初。该项目在1996年得到全面批准，不久之后就开始施工。到2008年，这台机器已准备就绪。同年9月10日，在全世界媒体的关注下，粒子束开始了第一次循环。这是欧洲核子研究中心激动人心的一天。"又是在办公室的一天，嗯？"大型强子对撞机项目负责人林恩·埃文斯在我下班回家的路上问我。但这种喜悦是短暂的。仅仅9天之后，大型强子对撞机就遭遇了一次故障：一次氦气泄漏导致机器大面积损坏，之后花了1年时间才得以修复。与此同时，在美国的费米国家加速器实验室里另一台非凡的粒子对撞机——万亿电子伏加速器，于1985年首次启动便声名大振，现在正准备进行最后一次努力，以期发现希格斯粒子。发现希格斯粒子将证实布劳特、恩格勒和希格斯的观点是正确的。比赛开始了。

尽管粒子物理学理论非常清楚地表明，在大型强子对撞机的粒子碰撞能量中必须有一种质量机制，但希格斯粒子有一个关键特征是我们无法预测的：粒子的质量。它很可能存在于万亿电子伏加速器的能量范围之内——当时没有人能最终确认。但如果希格斯粒子真的存在，那么它肯定是在大型强子对撞机的能量范围以内。粒子物理学中，货币就是质量和能量，汇率就是光速的平方，这就是爱因斯坦的著名方程式 $E=mc^2$ 告诉我们的，因此，用粒子加速器能将集中在一个狭小空间内的能量转换成新的粒子形式。加速器的能量越高，产生的粒子质量就越大，大型强子对撞机的碰撞能量是万亿电子伏加速器的 7 倍。

2009 年年底，大型强子对撞机复仇似的回归竞争中。记录迅速落后了，2010 年 3 月 30 日研究人员开始收集数据。那种灵光一闪"哇，找到了"的基础物理研究时代早已过去。在现代粒子物理学的研究中，新发现通常来自对大量数据的细致分析，以寻找已知物理学中无法解释的细微信号。就像现代科学研究的其他所有领域一样，"发现或找到"是需要耐心的。

大型强子对撞机表现得越来越好，数据滚滚而来，但没有人去看数据在说些什么。不到必要之时，研究员都选择避开去看主要的分析。科学家这样做的原因是，人类常常擅长发现并不存在的东西，进而歪曲对它的理解，以符合自己的先入之见。算法是没有这种主观偏见的，用它们进行分析的结果值得信赖。

研究员们紧张的眼神同时望向大西洋彼岸，寻找费米国家加速器实验室里可能取得的进展，但那里一片寂静。到2011年春，来自欧洲核子研究中心和费米国家加速器实验室的综合分析仍旧找不到希格斯粒子存在的蛛丝马迹。研究员们已经将质量范围缩小到114 ~ 157 GeV，而达到185 GeV就会弹出一个小窗口。十亿电子伏（GeV）是粒子物理学中使用的质量单位。日常生活中，它是极其微小的。1克中有超过5 000万亿GeV。但是在基本粒子的世界里，如果希格斯粒子存在的话，那么它是非常重的。质子和中子是原子核的基本组成部分，质量只有1 GeV；当达到185 GeV时，我们看到的就是像钨这样重的金属原子了。

2011年，希格斯粒子已无处可藏，全球粒子物理学界的每一个人都知道，ATLAS和CMS——它们代表大型强子对撞机上的两个探测器——肯定会在孟买的夏季大型会议上公布它们的发现结果，而它们的竞争对手——费米国家加速器实验室的两台机器D0（dee-zero）和CDF——也会如此。

会议一个接一个地开了，但还看不到任何进展，分析工作继续忙碌地进行着。2011年12月13日，欧洲核子研究中心组织了一次希格斯粒子最新研讨会，以满足全球物理学界对研究进展的好奇心。网络上参与的人数达到了全世界物理学家的十倍，人们了解到希格斯粒子的质量范围被压缩到 115 ~ 130 GeV，欧洲核子研究中心的两项实验都报告说，研究员们可能在大约 125 GeV 的范围内看到一些新的蛛丝马迹。信号太微弱了，实验尚无法确定，但人们已经感觉到一丝兴奋。这很吸引人，但每个人都在努力保持平静。新的物理信号不断出现，随着研讨会的临近，有人评论道，如果希格斯粒子真实存在的话，我们明年就会知道。

2012 年 4 月 5 日，大型强子对撞机作为世界上唯一的高能粒子对撞机开始恢复运行。费米国家加速器实验室的万亿电子伏加速器于 2011 年 9 月 29 日收集了最后一批数据，虽然 D0 和 CDF 的分析仍在进行中，但似乎最终要依靠大型强子对撞机证明希格斯粒子的存在。人们的目光越来越集中在欧洲核子研究中心身上。

就像暴风雨前的春季和初夏会比较平静一样，数据传入和分析正在进行，但来自实验室的消息很少。不仅分析团队的分析是保密的，而且为了确保每一个分析都是独立的，研究人员也会尽可能长时间地保守秘密。他们这样做，是因为可重复性对科学实验至关重要：如果在一个实验里观察到了某些东西，而在另一个实验里却没有观察到，那么很可能是实验员在分析时犯了错误；但如果在两个完全独立的实验中观察到了相同的东西，那么这个结论很有可能是真实的。

每个实验项目都分别向欧洲核子研究中心总干事报告进展情

况，随着夏季会议季的再次临近，我们决心做点儿什么。就在那时，我那位来自 OPAL 实验室正在做 CMS 实验的老朋友打断了我的园艺工作。

2012 年 6 月 22 日

国际高能物理大会（ICHEP）定于 2012 年 7 月 4 日—11 日在澳大利亚墨尔本举行，那年春天，欧洲核子研究中心的原则就是：如果一有发现，我们就在本研究中心发布；其他情况则在国际高能物理大会上公布。从后面的发展情况来看，我们正朝着后一种选择努力。尽管时差差距很大，但我们仍计划将演讲从墨尔本转回欧洲核子研究中心的大礼堂，以便那里的科学家能够参加。媒体大声疾呼要公布点儿什么，但没有什么好说的。即使奥斯汀看到了什么，也必须是实验绝对肯定之后，才能公布发现结果，当然，时间也不多了。

对于 2011 年那些显露的迹象来说，夏季会议似乎来得太早了一点儿。当时，那些暗示最后形成了一个强烈的信号，就是马上会公布我们的发现。欧洲核子研究中心的通信团队现在开始希望这是一个相对平静的夏天。但接下来，我们的计划陷入了混乱。6 月 21 日—22 日，欧洲核子研究中心理事会夏季例会上，成员们集体宣称，无论有何发现，都将在欧洲核子研究中心公布。我们在 6 月 22 日就预先拟定了发布的新闻稿——"欧洲核子研究中心将在国际高能物理大会的开幕式上宣布希格斯粒子探索的最新进展"——这令人们更加确定，研究成果很可能要公布了。

墨尔本计划很快就行不通了。第二次希格斯粒子探索最新情况研讨会定于 7 月 4 日在欧洲核子研究中心举行，这是唯一满足欧洲核子研究中心议事日程和会议日程要求的一天。研讨会并没有推迟会议各部分，只是迎合会议代表到达墨尔本的时间。为何欧洲核子研究中心改变了主意？当然，如果他们有重要事件宣布，他们一定会这样做的。事实上，我们依然不知道是否已足够确定会公布某项发现。

有些人是力求万全拒绝冒险的。6 月 26 日，我收到卡尔·哈根的一封电子邮件，询问他和他的同事格里·古拉尼克能否出席研讨会。哈根、古拉尼克，以及英国物理学家汤姆·基布尔，在 20 世纪 60 年代就对基本粒子的质量机制进行了研究，这与布劳特、恩格勒和希格斯的研究完全不同。我们对他们的到来表示欢迎。第二天，我就写信给弗朗索瓦·恩格勒、彼得·希格斯以及汤姆·基布尔，邀请他们参加研讨会。不幸的是，罗伯特·布劳特于 2011 年 5 月 3 日离世。希格斯和恩格勒表示他们很高兴出席。而基布尔回复说，他要参加在威斯敏斯特举办的希格斯粒子研究更新情况的活动，这项活动邀请了英国首相和科学部长出席。

这一重要时刻很快就到来了。但欧洲核子研究中心总干事罗尔夫·霍耶尔仍然不知道他自己到底是会宣布一个重大发现，还是另一个依然扑朔迷离的结果。到了这时，两项实验都为国际高能物理大会的召开而做准备，暂停其分析，并且总干事也已了解了这两项实验。突然间，他意识到：即使两项实验都无法提出宣布一项发现所需要的5Σ，他也知道它们足够接近，但当将数据组合在一起时，结果就会超过阈值。于是，他做出决定——宣布这项发现。

Σ（Sigma）：对寻求发现的粒子物理学家来说，这个小小的词包含许多意义。Σ给出了测量统计值的度量单位。换句话说，看似真实的现象，很有可能只是纯粹偶然的结果。例如，1Σ相当于32%的统计可能概率是偶然；2Σ相当于5%的统计可能概率是偶然；而3Σ仅仅相当于0.3%的统计可能概率是偶然。

现在想象一下，掷一个骰子，连续10次都得到6。这种概率很小，但也存在。当你连续100次都掷得6时，作弊的可能性越来越大，但这仍旧有可能是纯粹的巧合。粒子物理学中的情况也是一样，5Σ是一种发现概率极低的测量值，足以令科学家们兴奋地大声为之欢呼！在这种情况下，5Σ相当于大约三百五十万分之一的概率是偶然，即所观察到的事件有这么大的概率是一次统计波动，而非希格斯粒子存在的信号。

事情进展得很快。科学出版社开始打来电话，想要一探究竟。有些人得到了一些小道消息，正寻求欧洲核子研究中心新闻办公室的确认。他们只有等待。在西西里岛的山顶小镇埃利斯有一所物理暑期学校，荷兰国家粒子实验室主任斯坦·本特维尔森和彼得·希格斯都在那里。斯坦是 ATLAS 合作项目的成员之一，他和一位荷兰电影制作人一起在那里制作一部关于粒子物理学的纪录片。其中一个场景就是，他向希格斯展示 ATLAS 已经发布的结果。不久之后，希格斯受邀参加欧洲核子研究中心的一个研讨会。斯坦内心清楚，但嘴上没有明说，只告诉希格斯："认真对待这个邀请，去吧。"

7 月 2 日，CDF 和 D0 实验组发布了费米国家加速器实验室寻找希格斯粒子的最后结论。在与大型强子对撞机实验相同的质量范围内，他们报告的希格斯粒子存在的迹象相当诱人，但概率仅为 3Σ 左右，不足以确定。现在所有的目光都牢牢地锁定在欧洲核子研究中心身上了。7 月 3 日，第二次希格斯粒子探索最新研讨会召开前夕，CMS 实验室发言人乔·因坎德拉的一段视频采访在欧洲核子研究中心的网站上被无意曝光了几分钟。我们本来准备了两个采访：一个用于公布发现；另一个用于宣传，吸引眼球。我们的计划是当天使用合适的那一个。而大约有 6 个眼尖的记者仅凭曝光的那几分钟就看出这是公布发现的那个采访。"这是真的吗？"他们问。"还是等到明天早上吧。"我们回答。

重要的一天终于来了。那些为了抢占欧洲核子研究中心礼堂的好位置而选择在外彻夜露营的人，赶紧卷起睡袋，等待大门打开。弗朗索瓦·恩格勒、格里·古拉尼克、卡尔·哈根和彼得·希格斯几位专家被引领至他们对应的座位上，而前往欧洲核子研究中心的记者们则被带到了这个研究中心的会议厅，在那里将举行新闻发布会，并在大屏幕上直播研讨会实况。

科学界存在一种奇怪的二分法。论文一般是以总结论文主要观点的摘要开始，然后详细地解释科学家是如何得出结论的；而科学演讲恰好相反，一步一步地让观众听完，再把结论留到最后。礼堂里的观众、聚集在墨尔本的民众以及观看网络直播的 50 万人都坐立不安。当 ATLAS 和 CMS 的发言人法比奥拉·吉亚诺蒂和乔·因坎德拉最后得出结论，每一个实验都出现了 5Σ 的信号时，罗尔夫·霍耶尔宣布："作为一个外行人，我现在可以说，我认为我们已经找到了希格斯粒子。你们同意吗？"震耳欲聋的掌声不言自明。

具有讽刺意味的是，当欧洲核子研究中心礼堂的观众刚得知这一发现时，它已经是世界各地的头条新闻了。英国科学部长出席了在威斯敏斯特举行的上述活动，而英国科学技术设施理事会的首席执行官约翰·沃默斯利决定不再让他等待。发现希格斯粒子的消息是从伦敦传出的，而非日内瓦，但对于那天在欧洲核子研究中心礼堂的人来说，世界上没有比这里更好的地方了。

当时的情景是，当彼得·希格斯得知自己半个世纪前发表的观点最终被证明是正确的时候，他擦去了眼中的泪水。他说："对我来说，这真的是我一生中不可思议的一件事。"对卡尔·哈根和格里·古拉尼克来说，这种感情并不比希格斯少；而对弗朗索瓦·恩格勒来说，也许更是如此，因为他一生的挚友罗伯特·布劳特，虽然极有才华，却再也没有机会见到那一天了。当我们护送彼得·希格斯到达欧洲核子研究中心的会议室准备参加新闻发布会时，他被簇拥得像个摇滚明星，欧洲核子研究中心的新闻发

图 1-1　弗朗索瓦·恩格勒（左）和彼得·希格斯
2012 年 7 月 4 日在欧洲核子研究中心。

言人也得为他充当保镖。当被问及对此有何看法时，他表现得极有雅量，宣称今天是属于实验的日子。他是对的：理论物理学家的时代即将到来，因为2012年7月4日他和恩格勒在欧洲核子研究中心首次会面时，就受邀于次年前往斯德哥尔摩接受诺贝尔物理学奖。

在众多媒体对这一发现的报道中，杰弗里·克鲁格在《时代》杂志上发表了一篇非常有诗意的文章，开篇为："如果物理学家听起来不那么聪明，你会认为他们在瞎编。"然后，用一段完美的总结性话语描述那一天所发生的事。"在欧洲核子研究中心实验室的隧道深处所发现的粒子是构成一切物质的基本粒子。"克鲁格写道，"我们似乎明白了，在某种程度上，就如同粒子本身，尽管我们的注意力短暂，但我们也会停下来去关注一些远比我们自身更大的对象。到那时，信仰和物理学——这两个不常跨界的领域——就会彼此融合。"

要想知道到底是什么让世界在这一天为之停驻，我们需要回到过去，回到公元前5世纪的希腊城市米利都，缅怀一下德谟克利特，也许还有他的老师留基伯。德谟克利特被认为是原子论概念的创始人，原子论认为：每种物质有其最小的不可分割的粒子，而这个粒子仍然属于那种物质。我们也需要回顾一下17世纪80年代身处剑桥的艾萨克·牛顿，他是第一个深入研究物质"质点"

间自然界基本力的人。这是一次跨越数个世纪、数块大陆的旅程，是人类创造力的伟大见证。

2

原子

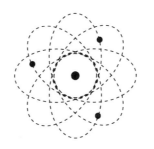

▶▶▶

粒子和力

　　拿一块材料——例如纯碳制成的铅笔芯——把它切成两半。剩下的二分之一还是碳吗？继续再切成两半，再切，再切，每次都问自己同样的问题。那么，会不会存在一个最小极点，即你可以得到一个最小的、不可分割的、仍然可以被称为碳的物体？这就是古希腊哲学家德谟克利特在公元前 5 世纪的雅典问自己的问题。在思考过程中，他创立了原子论。人们可能会说，他也因此无意中创立了粒子物理学，因为粒子物理学主要是探索物质的最小组成单位，宇宙和其中的一切物质以及它们之间的相互作用力都是由其组成的。

　　粒子物理学的目标是理解万物（包括我们自己）是由什么组成的，以及物质为什么以其特有的方式运转。它为什么会在极小的距离范围内组成德谟克利特原子？它为什么又会在中等距离范围上形成复杂的物质，如桌子、椅子、人类和行星？而在更大距离尺度上，它为什么又会形成像太阳系和其他星系这样的结构？为了解决这些问题，粒子物理学（研究极小的粒子）会和宇宙学（研究极大的天体）合作。本书将主要讨论极小的粒子这个领域。

　　"原子"这个词来源于希腊语 atomos，意思是无法再被切割的物体。这个概念不仅出现在希腊，其他哲学流派的历史上也提及过这样的概念。这些思想都假设，我们所看到和经历的一切事物都是由相对较少的基本构件的不同排列组合构成的，而这些基本构件则存在于原本的虚空之中。

早期原子论的基本思想经受住了时间的考验。我们现在所称的碳原子实际上正是原子论者认为的最小的不可分的物质，它仍然可以被称为碳，尽管从今天的视角看，原子是可以继续分割的。每个粒子都是由一组更小的粒子组成，它们以特定的结构排列，构成了我们所知道的原子。

1879年，俄国科学家德米特里·门捷列夫把所有已知的原子按质量排列在著名的元素周期表中。在这个过程中，他发现这些原子在表格中形成了规律性的原子群。而表格上的空缺使他能够预测尚未发现的原子的存在，并推断它们的性质。随着时间的推移，当我们发现这些空缺元素时，表上的空缺就填满了。

表中出现的图形模式表明，原子的底层是某种更深层次的结构。门捷列夫的元素周期表指出，原子是由组成它的粒子构成的，不久以后就发现了物质的第一个基本粒子。现代粒子物理学即将诞生。

1906年，英国物理学家约瑟夫·约翰·汤姆森被授予诺贝尔物理学奖，"以表彰他对气体导电的理论和实验研究做出的巨大贡献"。换句话说，他发现了一种叫"电子"的粒子。

在宣布这一奖项时，瑞典皇家科学院院长提到了元电荷的存在，这是自 1834 年迈克尔·法拉第发现每个原子携带的电荷都是氢原子电荷的数倍以来就一直存在的假设。在这里，"原子"这个词在现代意义上是指任何化学元素中最小的不可分割的成分，但不久之后人们就提到了"电原子"：最小的不可分割的电力单位。

1897 年，在剑桥的卡文迪许实验室进行的实验中，汤姆森量化了法拉第的电原子。他在实验中让电流通过一根真空玻璃管，这个管子的末端涂上了一层荧光材料，上面就会出现一个发光的点。这种现象已经为人所知，并归因于神秘的阴极射线。汤姆森通过对管子同时施加电场和磁场，可以让发光点移动；当两个场的作用力相互抵消时，发光点的位置不变。他应用电场和磁场中阴极射线的运动方程来计算组成阴极射线的粒子的电荷质量比。他的结论是革命性的。这些粒子比原子小得多，他假设它们来自原子本身。汤姆森已经证明，原子并不是构成物质的最小单位，而是由更小的物质组成。汤姆森的发现不仅开辟了一个新的研究领域，还由此出现了从示波器到电视等许多新的装置，直到现在，这些设备仍利用阴极射线来追踪屏幕上的图案。

对其他基本粒子的发现越来越频繁和迅速。欧内斯特·卢瑟福在曼彻斯特工作，于 1899 年在铀的放射性衰变中发现了阿尔法粒子。阿尔法粒子后来变成了氦原子的原子核，由两个质子和两个中子组成，卢瑟福很快将其用于实践。1911 年，卢瑟福的研究生汉斯·盖革和欧内斯特·马斯登进行了一项实验，用阿尔法粒子轰击金箔，来验证原子本质上就像葡萄干布丁这个说法——带正电荷的球周围散布着像葡萄干一样的带负电荷的电子。

盖革和马斯登的发现彻底颠覆了这一观点。他们发现，大多数时候，阿尔法粒子直接穿过金箔，就好像金箔不存在一样，但是偶尔它们又会直接反弹回来。这表明，原子不是一个均匀分布的物质团，而是大部分质量都集中在中间部分，电子环绕在周围，就像行星绕着恒星旋转。盖革和马斯登发现了原子核，并通过分析阿尔法粒子散射的精确方式，得出了原子核极小的结论。正是电子的轨道决定了一个原子的大小，而原子内部 99% 的空间是空的。

卢瑟福在 1917—1919 年的实验中继续发现了带正电荷的质子；到 1932 年，当詹姆斯·查德威克发现了电中性的中子时，元素周期表里提示的底层结构的所有元素终于全部被找到。原子的多样性都是由以下三种粒子的不同组合导致的：质子、中子和电子。最简单的氢原子，由单个电子围绕单个质子组成，而像卢瑟福实验中用到的金箔那样重的物质，就有 79 个质子和 79 个电子以及 118 个中子。

元素周期表的复杂性已简化到仅仅三个组成部分，但这并不是故事的结尾。20世纪早期还发现了其他粒子。1928年，保罗·狄拉克为他的电子方程式找到了两个可能的解——一个带负电荷，另一个带正电荷，他就大胆预测了带正电荷的电子的存在。1932年，卡尔·安德森在加利福尼亚做的实验中适时地出现了正电子，成为第一个被观察到的反物质粒子。年轻的粒子物理学蓬勃发展，无数科幻故事的种子已经播下：没有狄拉克，美国企业号航空母舰及其反物质动力将何去何从？

20世纪20年代，由于某些元素的放射性衰变，出现了另一种异常现象。当时，科学家们认为，被称为β衰变的放射性形式是由于原子核将其中一个中子转化为质子而失去一个电子，但这又存在一个问题。β衰变是很常见的，例如，任何吃过香蕉的人都会接触到钾同位素"钾-40"的β衰变，"钾-40"在许多食物中都能找到。它衰变为稳定的同位素氩-40。问题在于，β衰变不是以恒定的能量发射出电子的，如果只涉及两个粒子（原子核和电子），那就必须严格遵守能量守恒定律，但它的光谱是连续的。

1930年，沃尔夫冈·泡利在给莉泽·迈特纳的一封公开信中提出了一种解决方案，供她在图宾根参加的一次会议上参考。迈特纳是她那个时代最伟大的物理学家之一，后来她与奥托·哈恩一起发现了重元素的裂变，哈恩因此获得了1944年的诺贝尔化学奖。虽然迈特纳没有得到此奖仍有争议，但20世纪90年代，诺贝尔奖评选委员会公开的档案表明：这是由于诺贝尔化学奖评选委员会对迈特纳在阐述基础物理学中所起的作用时语言表达不明所致。尽管如此，人们普遍认为，无论迈特纳落选的原因是什么，她都应共享此奖。

泡利在信的开头称呼"研究放射性的女士们和先生们"，接着他提出，如果两个粒子——一个电子和一个尚未发现的中性粒子（他称之为中子）——之间能够共享能量，那就可以解释从 β 衰变得到的奇特观测结果。3 年后，恩利克·费米给这个所谓的中性粒子取名为中微子，因为当时已经有中子这个概念，但要发现泡利假设的粒子还需要很多年。

在随后的几十年里，人们在不断从太空轰击地球的宇宙辐射中发现了一系列粒子。其中一个 μ 子非常出人意料，以至于美国物理学家伊西多·拉比打趣说："这是谁点的？"拉比后来在欧洲核子研究中心的创建中发挥了关键作用。

这几十年内，所有这些新发现的粒子是如何融入物质整体中的，仍然令人困惑。但一开始似乎需要另一个元素周期表：一个专门针对粒子的周期表，它可以指出物质更深层次的结构。然而，有一件事是肯定的，粒子物理学家在短时间内不会感到无聊了。

像在相册中收集邮票一样收集新的粒子并不是在最小距离尺度上理解自然所需要的唯一对象。我们也有必要了解是什么原因导致了物质粒子的运动方式。是什么使质子和中子聚集在一起形成原子核？为什么电子会和它们结合生成原子？是什么使原子黏在一起形成分子和复杂的物体，如晶体或人？又是什么使物质在最大距离尺度上组织形成恒星、太阳系、星系和星系团的？简以喻之，如果粒子运动如芭蕾舞的话，是什么将宇宙芭蕾从最小的距离尺度编排到最大的距离尺度的？

答案是自然界的基本力，为了理解它们，人们习惯到1666年林肯郡的那个花园寻找答案。传说，因瘟疫而被迫离开剑桥的艾萨克·牛顿正在思考月球围绕地球运动时，一个掉落的苹果启发了他，使他成为科学史上了不起的天才。导致苹果坠落地面的力与导致月球绕地球运行的力相同，事实上，地球绕太阳运行的力也是如此。它们是一种力，它起作用的有效距离可以很远，它与距离的平方成反比。在接下来的几年里，牛顿阐述了他的万有引力定律，并于1687年发表于《自然哲学的数学原理》上。

这是一个了不起的定律，为人类提供了极好的服务。牛顿运用他的万有引力定律不仅解释了月球绕地球的运动，而且解释了潮汐现象，预测了太阳系中大型行星的相对质量，还解释了彗星的椭圆轨道。近年来，牛顿力学已被用来计算航天器的运行轨道，并将人送上月球表面。

粒子物理学的主要研究目标之一是追求简单。无论哪里出现了复杂性，物理学家们就去寻找可能指向潜在简单性的模式。这在门捷列夫的元素周期表中出现过一次，而随着人们对所发现的越来越多的粒子的分类，从 1897 年发现的电子开始，这种情况又一次出现了。这不仅适用于粒子，也适用于粒子之间的相互作用力。牛顿意识到，令苹果落地的力、使我们稳固地站在地球上的力与天体之间的力是相同的，他迈出了将力统一为一个数学公式的第一步。由此，他开始了一段至今仍未结束的旅程，这也许是当今物理学中最重要、最突出的问题。

自然界充满了看似独立，实际上却是相互联系的现象。牛顿用万有引力定律完成了那次跳跃，大约两个世纪以后，苏格兰物理学家詹姆斯·克拉克·麦克斯韦在电和磁之间建立了类似的联系。这些迹象其实已经存在了：长期以来，人们一直认为磁铁会影响甚至产生电流，但没人能写出一套方程式，从而用一个公式来解释电和磁的相互转换。1861 年，麦克斯韦做到了这一点，从而在统一自然力的道路上迈出了第二步。接下来，又过了一个世纪才到了第三步。

相对论和量子力学

1905 年，一位伯尔尼专利局办事员发表了一系列论文，从此，基础物理学永远地被改变了。这就是阿尔伯特·爱因斯坦所谓的"奇迹之年"。

爱因斯坦的妻子是米列娃·玛丽克。他们一起在苏黎世接受物理和数学方面的训练，她的非凡才智也许在爱因斯坦那四篇改变物理学进程的论文中也发挥了作用。其中一篇论文涉及悬浮在液体中的粒子看似随机的运动，它彻底改变了统计力学领域。另一篇论文涉及光子（光的粒子）和电子的相互作用。超过一定能量的光子可以从材料中释放出电子，这种现象被称为光电效应。这篇论文为爱因斯坦赢得了诺贝尔物理学奖，并为量子力学的发展铺平了道路，量子力学研究的是物质世界微观粒子的运动规律。

第三和第四篇论文介绍了狭义相对论的概念，它展示了空间和时间之间的关系，并确定了以 c 表示的光速是一个宇宙速度的极限，通过物理学中最著名的质能方程式 $E=mc^2$ 来表明质量和能量的关系。正如我们所见，这个著名的方程式告诉我们，能量 E 和质量 m 是可以互换的，转换率是光速的平方。这是一个非常大的数值，意味着少量的物质可以转换成较高的能量，或者从较高的能量中可以产生少量的物质。$E=mc^2$ 将继续成为粒子物理学的基础方程式之一，实验研究人员运用该方程，试图通过粒子的碰撞能量来产生新的粒子。

爱因斯坦关于狭义相对论的论文也为更大胆的理论铺平了道路，即他于1915年发表的广义相对论。这就是爱因斯坦的引力理论，它需要在狭义相对论所要求的四维空间内再现牛顿力学。在这篇论文里，他不仅描述了引力现象，还描述了产生引力的原因：弯曲的时空。爱因斯坦说，物体的质量使时空弯曲，从而影响物体运动的轨迹。在世界各地的科学中心，实验人员把代表行星的重球放在橡胶片上，同时在前后滚动较小的物体来显示它们的轨迹是如何变化的，以此来证明爱因斯坦的理论。和许多证明一样，这个演示也有其局限性：它只适用于橡胶片的二维空间，但在现实中，大多数物体会使三维空间以及时间弯曲。

1919年，分别在南美洲和非洲观测的一次日全食为检验广义相对论提供了机会。如果爱因斯坦是对的，来自金牛座恒星的光会因为太阳而弯曲，使其在日食的阴影中可见，而牛顿引力会使它们隐藏在太阳后面。英国物理学家亚瑟·爱丁顿在巴西北部和非洲西部海岸外的普林西比岛进行了登山考察，观察这次日全食。他发现，来自金牛座的恒星恰好出现在广义相对论预测会出现的地方。由此，广义相对论作为描述宇宙中天体运动的理论框架，得到了实验的证实。

几十年后，广义相对论继续产生重要的影响。在把人送上月球方面，虽然牛顿力学发挥了重要作用，但对于已习惯应用GPS系统的现代人来说，它还不够精确。为此，我们需要爱因斯坦的方程式来提供精确数据。

众所周知，爱因斯坦拒绝接受量子力学，坚信上帝不是在宇宙中掷骰子，但他的诺贝尔获奖论文却还是激励了其他人。丹麦物理学家尼尔斯·玻尔是量子力学发展的先驱，发展了粒子间相互作用的基础理论。量子力学涉及量子化的物理量的最小单位，而这些能量子并不是连续的。在基本粒子和自然力的层面上，这有点像从模拟到数字的转变。在量子力学中，任何物质都存在一个最小的不可被无限分割的最小单位。对于光，就是光子；对于电，就是一个电荷单位。几个世纪以来，德谟克利特的思考比他自己想象的要深刻得多。

对于原子来说，其结果是电子不能随意地绕着原子核运动；量子力学的数学模型规定它们的绕原子核运动是概率波。量子力学的另一个深远影响是，没有什么是确切可知的；你对一个整体的一方面测量得越精确，对另一个方面所知就越少。这就是海森堡的不确定性原理，它量化了测量一个系统相关性质的可能程度。例如，如果我们能精确地测量一个粒子的位置，我们就无法确定它的动量；相反地，如果我们测量出它的动量，我们就无法准确知道它当时的位置。

一系列反直觉的思想实验出现了，最著名的实验就是"薛定谔的猫"，将猫和一瓶毒药密封在一个盒子里，使之处于一个不确定的状态，除非打开盒子查看并坍缩猫的波函数至其中一种状态，否则无法得知猫是否活着。虽然从宏观角度来看，观察这只在盒子里的猫似乎十分荒谬，但这种现象在基本粒子层面上是成立的，并促使爱因斯坦、鲍里斯·波多尔斯基和纳森·罗森发展了他们自己的思想实验。取一个放射性原子，令其衰变，向不同方向发射两个衰变的碎片。根据量子力学，它们可能有许多性质，但在我们看来，我们不知道这些性质是什么。这意味着，通过观察其中一个碎片，坍缩其波函数，我们可以同时知道另一个性质。爱因斯坦称这种现象为"鬼魅似的远距作用"，并用它反驳量子力学，因为它能让信息瞬间从一个点传送到另一个点，打破相对论规定的宇宙速度极限。然而，现代实验技术允许对其进行测试。鬼魅似的远距作用是真实的，这虽然违反直觉，但与理论完全一致。

所有这些都赋予量子力学革命性的意义，但也许最重要的是，量子力学将物理学从决定论的路线上引开，取而代之的是，许多发生的事情在本质上是按概率分布的，即存在概率，而非绝对的确定性。从现在开始，现代物理学研究需要记录大量的数据，例如，因为你仅仅看到某种特定的粒子以某种特定的方式衰变一次，这并不意味着这种粒子会一直以这种方式衰变。为了得到完整的图像，你就必须记录大量的衰变数据。

量子力学和相对论是 20 世纪物理学的两大支柱，虽然有些人认为这两个理论相当深奥，几乎没有什么实际意义，但我们每天都用着它们。计算机和通信工程建立在量子力学的基础上；GPS建立在相对论的基础上。虽然爱因斯坦和玻尔的动机是追求知识，而不是制造智能手机，但通常是先得有他们做的那些基础研究，我们的世界才会产生巨大的技术进步。

粒子加速器

当理论物理学正在经历一场革命的时候，技术的发展也将改变研究的面貌，这体现在被称为粒子加速器的设备上。汤姆森在1897年发现电子的时候使用了一台不是很成熟的加速器，当时还不叫"加速器"。他的装置由一根管子和一个粒子源组成，抽走管子里的空气，再施加电场和磁场用来加速和控制粒子。这些部件的组合就是此后每一台粒子加速器的基本组成部分，小到范·德·格拉夫的起电机（中学物理课本上学生都非常熟悉的实验器材，能让头发立起来），大到欧洲核子研究中心的大型强子对撞机。

范·德·格拉夫在1929年发明了他的加速器。一段时期内，它被证明是很有价值的研究工具。但是，将电荷从一处转移到另一处，并积累到能够产生足够高的电压的程度，从而有效地加速一股带电粒子，该加速器的基本技术最终证明，它无法满足研究人员在实验中的需要：不断增高粒子能量。同样在20世纪20年代，挪威加速器先驱罗尔夫·维达罗建造了一个直线加速器，当粒子沿直线运动时，用交流电压来增强粒子束的能量。后来人们知道，直线加速器在许多领域都有应用，今天仍然在许多加速器组合的初期阶段使用，包括欧洲核子研究中心。如今，世界上最大的直线加速器位于加利福尼亚州的斯坦福，绵延两英里[1]。许多重大发现都出自这里。

然而，如今大多数大型加速器不是直线形的，而是圆形的。它们的起源也可以追溯到维达罗，但是粒子物理学家最熟悉的加速器来自欧内斯特·劳伦斯，他于 20 世纪 30 年代在加利福尼亚州建造了一台机器，由两个 D 形空心电极相互面对，形成一个圆，它们的直边中间留有间隙，施加垂直于电极的磁场，并在圆的中心引入粒子。电极之间的振荡电场会对粒子加速并使之进入其中一个电极，在那里它们会因为磁场的作用而弯曲成一条圆形的路径，然后又回到间隙之间，被加速之后穿过间隙又进入另一个电极，周而复始。每次穿过电极间隙时，它们的能量都会增加，并在电极内螺旋上升。这些机器被称为回旋加速器，尽管由于需要将其嵌入磁铁中而造成尺寸限制，但它们仍然担任着粒子加速的主力军。目前，最大型的操作是在加拿大的温哥华一家名

---

1 1 英里 =1 609.344 米。——译者注

为 TRIUMF 的实验室里进行的，该实验室为各种研究项目提供粒子束，也用于治疗某种癌症，比如眼黑色素瘤，传统的放射疗法并不适合治疗这种癌症。

欧洲核子研究中心的第一台加速器是一种被称为同步回旋加速器的机器。在低能量环境下，回旋加速器的回旋频率，以及振荡电场的频率，随能量的增加而恒定。然而，当粒子的速度接近光速时，相对论效应就开始发挥作用了，并且适用于不同的规则：能量的大幅度增加只等于速度的小幅度增加。这意味着振荡电场加速粒子通过间隙时，必须随着粒子能量的增加而同步改变。这一原理使欧洲核子研究中心的第一台机器在 1957 年就达到了 600 MeV 的能量。

正如我们所看到的，在粒子加速器中，能量是以电子伏（eV）来测量的，也就是一个电子通过一伏特的电位差加速而获得的能量。一电子伏非常小，即使是在早期阶段，百万电子伏（或兆电子伏，MeV），也是很常见的。在欧洲核子研究中心的早期阶段，上千上万的电子伏、十亿电子伏（GeV）都可能出现了，而今天我们已经进入了数百万计的领域——万亿电子伏（或太电子伏，TeV）。由于爱因斯坦著名的方程式 $E=mc^2$，物理学家也经常用电子伏来表示粒子的质量。严格来说，这应该是电子伏除以 c^2，但是在粒子物理学中常常用简略的表达方式来表示。例如，一个电子的质量经常被记为 511 keV；而质子的质量大约是 1 GeV，尽管严格来说，它应该是 GeV/ c^2 才正确。

今天的大型环形机器被称为同步加速器，它们分别由苏联的弗拉基米尔·维克斯勒和美国的埃德温·麦克米伦在 20 世纪 40 年代独立发明。同步加速器通过移动到固定的圆形轨道上，并通过改变加速磁场的频率和磁环的弯曲磁场来增加粒子束能量。同步加速器的加速是通过一种叫作射频（RF）腔的装置来实现的。它们产生沿束流方向的振荡电场。通过正确计算粒子到达射频腔的时间，粒子每次通过射频腔时都可以得到一次加速。弯曲磁铁中的磁场与能量增益平行增加，以保持束流在其固定轨道上。欧洲核子研究中心的 27 千米长的大型强子对撞机是世界上最大、最强的同步加速器，旨在将粒子从最初的 450 GeV 加速到 7 TeV。

从原子到粒子

在本章前面，我们追溯了基础物理学从古希腊到 20 世纪上半叶的发展历程。到此时，我们已经知道了原子是由质子、中子和电子组成的，电荷之间的相互作用是带负电荷的电子与带正电荷的原子核结合形成原子的原因。但我们也知道，已经存在的粒子比起构成普通物质所需要的粒子要多得多。我们可以在宇宙射线或某些元素的放射性衰变中观察到它们。它们是如何融入整个物质体系的，仍旧是个谜。

我们知道地球引力和天体引力是相同的，电和磁也是同样的基础物理的表现形式。多亏了麦克斯韦，我们也知道了光和电荷是相互作用的。

从电子的发现到 20 世纪 40 年代，物理学在理论和实验上都出现了创造力的爆发。在理论方面，爱因斯坦用他的广义相对论完善了我们对引力的理解，而量子力学的先驱为我们提供了粒子间相互作用的理论基础。爱因斯坦贡献给我们的理论可以用来研究大型的对象，而量子力学则提供了一个关注微观粒子的理论。两者结合，可以覆盖一切对象，但它们仍是各自独立的理论。对于那些希望建立一个能够解释所有自然力的统一理论的人来说，将二者结合在一起算是一个终极挑战。

对实验物理学家来说，研究宇宙射线时，虽然高空气球或位于山顶的天文观测台仍然是主要的研究工具，但粒子加速器还是为他们提供了一条有希望的新途径。加速器令科学家能够在实验室中制造宇宙辐射（在实验室中，我们能够设定实验条件），而不是被动地观察大自然提供的条件。随着世界从第二次世界大战的破坏中慢慢恢复，基础物理学充满了悬而未决的问题，并且蓄势待发，即将迎来一个探索的黄金时代。

3

浴火重生

▶▶▶

欧洲运动

"欧洲这十年来所处的极其矛盾的境况已经进入关键阶段。它几乎绝望了。"这是瑞士作家和欧洲联邦党人丹尼斯·德·鲁格蒙特在洛桑举行的欧洲文化会议开幕式上所说的话。"欧洲确实处于崩溃中，"他继续解释，"这块大陆从没有像现在这样受到如此多的威胁，面对危险时也从未像现在这样分裂，同时也从未像现在这样焦虑和疑惑。但同样真实的是，在其漫长的历史中，欧洲第一次、有意识地进行着自我建设！"

德·鲁格蒙特是第二次世界大战后出现的新兴欧洲运动的主要成员：这一运动在促进欧洲合作方面已经取得了一些成功。1949 年早些时候，《伦敦条约》里成立了欧洲委员会，以维护整个欧洲大陆的人权、法治和民主，并在比利时的布鲁日设立了欧洲学院，为欧洲未来的领导人提供研究生教育。这就是德·鲁格蒙特在开幕式讲话中提到的"建设"，但他也在继续研究如何利用文化拉近曾经交战的国家间的距离，从而缓和未来无法预期的矛盾和冲突。对德·鲁格蒙特来说，科学是欧洲文化的重要组成部分，可以发挥至关重要的作用。

这一切都是在紧张局势和全球不安的背景下发生的。1949

年，北大西洋公约组织成立，同时，中华人民共和国诞生。这一年随着柏林封锁的全面展开而拉开了序幕，到封锁结束时，苏联已经进入了核时代。正是这一年，乔治·奥威尔抓住全球的情绪，发表了小说《一九八四》，在其中他描绘了令人不寒而栗的未来反乌托邦社会。欧洲文化会议带来了一线希望，预示有一个更光明的未来，而不是预兆里暗示的那样。

1947 年，同为博学者的德·鲁格蒙特有机会在普林斯顿与爱因斯坦会面，在那里他们讨论了将欧洲统一与核能控制联系起来的想法。一回到欧洲，德·鲁格蒙特就去见了拉乌尔·道特里，即法国政府的前任部长，也是法国原子能委员会的总干事。该委员会在巴黎附近有加速器和用于研究的核装置反应堆。由于这些装置，法国逐渐成为欧洲大陆核物理的强国。在与道特里会面之后，德·鲁格蒙特邀请法国诺贝尔物理学奖得主、量子物理学的重要贡献者路易·德·布罗意在洛桑会议上发言。

德·布罗意不能出席，于是道特里将他的地址告诉了德·鲁格蒙特。道特里说："这些运动不仅在经济或政治上是可取的，甚至是必要的；它们也表现在知识层面，尤其是科学层面。""每次我们谈论欧洲各国统一问题时，我们就会提出发展这样的新型国际单位、实验室或机构，组织不同的参与国在国界以外以科学的方式工作。由于欧洲众多国家的合作，这样的机构可以获得比国家实验室更多的资源，并可承担更难的任务，当然，实际情况是，由于其规模和费用，这些任务仍然无法完成。在各国科学家的合作之下，这种方式有助于协调研究和取得的成果，同时比较彼此的研究方法，采用和执行工作方案。"

另一位打造欧洲粒子物理学合作格局的人是卢·科瓦尔斯基。科瓦尔斯基1907年出生在俄罗斯，布尔什维克革命后经波兰和比利时移居法国，是核科学的主要贡献者。作为工作的一部分，科瓦尔斯基和他的团队在挪威被入侵前夕从那里带走了剩下的全部重水，后来，当法国被占领时，他们又把重水带到了英国。重水中的氢原子核的质子被氘取代，氘包含一个质子和一个中子，在当时被认为是产生核聚变的重要材料。战争结束以后，一部名为《燕子行动：重水之战》的电影就是由科瓦尔斯基本人扮演，与道特里、著名科学家汉斯·冯·哈尔班，以及弗雷德里克·乔利奥特等人一起经历的冒险故事。科瓦尔斯基不仅是欧洲核子研究中心的创始人，他还是一位真正的战斗英雄。20世纪40年代中期，联合国成立了原子能委员会，他将科学家和外交官聚集在一起，组成了这个有点不同寻常的联盟。他说："看到外交官们努力搞清楚回旋加速器和钚原子之间的区别是一种乐趣。我们也得通过学会区分小组委员会和工作组，以及在激烈的讨论中学会称呼别人的头衔而不是他们的名字来克制一下自己。双方都开始理解对方的问题和技术；顽固的书呆子和钻牛角尖的吹毛求疵者之间一直以来的互不信任逐渐被相互尊重所取代。"

其中特别有影响力的一个例子就是，法国外交官弗朗索瓦·德·罗斯和美国科学家罗伯特·J.奥本海默之间的相互尊重，成为欧洲一个科学项目的先驱。他们讨论当时的科学现状，促进了欧洲核物理研究成形。早在20世纪40年代，核物理这个术语就涵盖了从核能的应用研究到极其深奥的宇宙射线研究的所有领域，而且对粒子加速器和物质结构探索的研究也逐渐加入其中。上述领域发展良好的国家，如英国、法国和美国，都在大学校园里进行加速器和反应堆的研究设施操作，以探索基础物理学中的原子核。那么，欧洲各国能否联合起来建立一个覆盖同一个领域的世界级实验室呢？

呼声越来越高

建立一家欧洲实验室的呼声越来越高。到1949年欧洲文化会议召开时，一切都已经准备就绪。虽然德·布罗意的消息没有具体说明这个实验室是研究哪个领域的，但道特里提出，天文学和天体物理学，或者原子能，都可能成为整个欧洲合作的热点，他说："任何一个欧洲国家无法单独做的事情，整个欧洲可以办到，而且我毫不怀疑，会做得非常出色。"

当时的地缘政治至少可以说是复杂的，任何涉及原子或核研究的行为都会引起强烈反响。人们对"曼哈顿计划"及其在日本广岛和长崎投下原子弹造成的后果记忆犹新，虽然战后的世界秩序逐渐建立，但拥有核能力的国家却将其保留了下来。战后脆弱的欧洲，有可能受共产主义警钟的影响，可能与美国合作，这种想法对每个人来说都是不可想象的。对欧洲自己而言，英国有足够的自主性，许多欧洲大陆的人都认为，除了英国，欧洲大陆国家之间的国际合作将是科学发展的必要条件。全球政治局势会允许这种情况发生吗？答案将在一段时间后揭晓。

出席洛桑会议的许多代表都是像道特里这样的科学管理人员，这些热情的欧洲人，通过不断增强的合作和融合，看到了欧洲和平的未来。因此，他们抓住了核科学发展的势头，主张建立一家核物理研究所并应用于日常生活，这也许并不令人感到吃惊。这样一家机构将是欧洲运动的胜利，表明即使在核能合作方面，政治分歧也是可以克服的。这是一个大胆的设想，并最终与欧洲核子研究中心的出现大相径庭。

洛桑会议之后，法国，特别是卢·科瓦尔斯基发挥了主导作用。科瓦尔斯基是第一个建议该机构只专注于纯学术研究的人。每个人都清楚，一家政府与政府之间的研究组织是不可能涉及军事研究领域的，但是科瓦尔斯基是第一个提出合作进行能源领域的研究的人。他建议建立一个基础研究实验室，配备一个相对较小的 500 MeV ~ 1 GeV 的加速器和研究用反应堆。他还提出每年给予 50 亿 ~ 100 亿法郎的预算，这与英国投资的 300 亿法郎和美国投资的 3 000 亿法郎相比，实在是微不足道。他提出的管理结构与今天欧洲核子研究中心的管理结构相似，该结构主要有以下几个部分：一个由政府代表组成的管理部门、一个管理实验室的执行部门，以及一个专门负责推荐研究项目的由科学专家组成的委员会。

科瓦尔斯基的想法引起了法国政府和像弗朗索瓦·德·罗斯这样的人的注意，但在 20 世纪 40 年代，这类想法是毫无结果的。也许是因为国家研究预算已经很紧张，无法考虑建立一个国际实验室。或者，在人们的印象中，由于研究要用到反应堆，这一提议与军事或工业研究过于接近，令人感到不安。不管出于什么原因，这个想法似乎已经停滞不前。但是后来，到了 1950 年 6 月，随着一间欧洲实验室的新任领导的到来，这一次来自大西洋另一边的一切都发生了改变。

美国的影响力

伊西多·拉比因为"记录原子核磁性的共振方法"而获得 1944 年的诺贝尔物理学奖。这项技术后来被称为核磁共振（NMR），如今已被广泛应用，包括强大的医学诊断技术"核磁共振成像"（MRI），它不用 X 射线就能提供详细的身体组织图片。

1950 年 6 月，拉比作为美国代表出席了在佛罗伦萨举行的联合国教育科学及文化组织（以下简称联合国教科文组织）第五届大会。到目前为止，探索建立国际实验室的可能性的责任已经从联合国移交给了联合国教科文组织，拉比惊讶地发现，关于这个问题尚无任何相关议程。他呼吁联合国教科文组织努力建立区域研究中心来解决这个问题。拉比在介绍该决议时强调，他的倡议主要是为了帮助那些以前对科学做出重大贡献的国家，他还提到在欧洲建立一个这样的中心。从一开始，鼓舞欧洲科学家和科学管理人员这样做的一个因素就是战争期间从欧洲，特别是欧洲大陆流失的人才。在欧洲的土地上建立一个这样的机构将有助于恢复横跨大西洋地区的整体科学水平的平衡。

拉比还明确表示，他已敏锐地意识到在某些研究领域，美国或许还有英国，实际上已经占据垄断地位，而战争迫使欧洲各国丧失了主导地位。目前已经出现了一种共识，即欧洲科学的健康发展等于大西洋两岸科学的健康发展。拉比一直是布鲁克海文国家实验室的主要支持者，该实验室成立于 1947 年，位于长岛布鲁克海文镇附近的厄普顿营地，这里曾是军事训练基地。作为美国核物理界的焦点，布鲁克海文国家实验室将由一家大学联合会运作，并同时拥有反应堆和加速器等设施。拉比的提议是建立一个与欧洲类似的机构，但只拥有加速器，并把各国作为合作伙伴，而不是大学。没有核反应堆在其中，政治上会减少麻烦，并可以允许联邦德国参与（战后，联邦德国科学家是被明令禁止研究核武器的）。

拉比的提议还有其他的政治意味。1949年8月29日，苏联成功爆炸了第一颗原子弹，彰显其核威力，很明显，随着新时期的冷战开始，跨大西洋合作显得尤为必要。此外，美国人已经认识到，美国自己从其他领域的科学发现中获益也许已经超过世界上的其他强国，而美国的科学实力就表现在这些科学发现的实践应用上。随着美国的科学研究再次聚焦在军事领域，美国就可以方便地从欧洲获得公开的基础物理研究成果，并供自己的实验室使用。

所有关于美国支持这个项目的理由已经争论了很长时间，但最终结果是，拉比的决议为欧洲计划注入了新的活力，因为它来自一位华盛顿明确认可的美国人。成立"区域研究中心和实验室"第2.21号决议获得一致通过，联合国教科文组织自然科学部主任、法国物理学家皮埃尔·奥格接受了任命。

顺利起步

接下来这一年里，国际会议和讨论频繁出现。量子力学的先驱尼尔斯·玻尔的名字一度引起人们的关注。玻尔自1921年起一直担任以他名字命名的哥本哈根研究所所长，该研究所已经成为世界领先的理论物理学研究中心。据报道，他曾表示，建造一座反应堆将会带来一系列复杂的经济和政治问题，所以他可能会阻止该项目的顺利启动。1950年12月，皮埃尔·奥格在日内瓦欧洲文化中心的一次会议上表示，他将把重点放在一家基于高能粒子加速器的实验室身上。虽然粒子物理学这个术语当时还不存在，但今天的欧洲核子研究中心已经出现了。

日内瓦会议之所以意义重大，还有另一个原因：这是该项目首次获得资金承诺。意大利代表团在会议上承诺提供资金，不久之后法国和比利时也紧随其后，最终筹集到一万美元。虽然不是很多，但有了联合国教科文组织的支持，该项目足以顺利起步了。

奥格不失时机，他在联合国教科文组织设立了一个专门的办公室来协调这个项目，并亲自挑选欧洲物理学界最杰出和优秀的人才担任顾问，首先选出的是意大利物理学家爱德阿多·阿玛尔迪。5月，奥格和阿玛尔迪准备在联合国教科文组织的巴黎总部召开顾问委员会的第一次会议。众多欧洲国家的代表都出席了这次会议，包括来自法国的科瓦尔斯基、来自挪威的奥德·达尔和来自英国的弗兰克·戈瓦德，这表明英国可能最终会加入欧盟并与之共同努力。该顾问委员会共有八名成员。

这次会议提出了两项倡议：第一个计划雄心勃勃，想要建立一个无人能及的粒子加速器；第二个目标相对比较容易，建造一个功率稍小的机器，可以迅速启动、运行，并保持动力稳定增长。得知这一消息后，英国利物浦大学的物理学家赫伯特·斯金纳正式表明，建造世界上最大加速器的计划是"来自联合国教科文组织的不切实际的疯狂想法"之一。幸运的是，对欧洲科学界来说，最终证明他站在了错误的一边，后来他也打开了他自己的实验室大门，帮助欧洲的这个联合项目顺利起步。

大多数顾问都支持这一更大胆的举措，并继续建议分阶段实施，而不是试图说服各国政府大举进入。第一阶段将是一个临时组织，其任务是为提议建立的实验室最初的六至七年制订计划和预算。为此，临时组织将有 12 ~ 18 个月的工作时间，预算在 20 万美元左右。1951 年 5 月临时组织做出了一项决定，这成为欧洲核子研究中心工作精神的一部分。当时，顾问委员会决定，临时组织所拥有的所有成果都将免费提供给需要者。大约 70 年以后，欧洲核子研究中心仍是公开分享运动的先锋，提倡开放获取科学出版物，提倡免费获取电脑软件和硬件，并且每年向超过 10 万名公众游客敞开大门。

1951 年，顾问委员会又举行了两次以上会议，联合国教科文组织准备在年底召开一次相关国家政府间会议。联合国教科文组织向所有欧洲成员国发出了邀请函，但当弗朗索瓦·德·罗斯于1951年12月17日在巴黎宣布会议开幕时，除了南斯拉夫，留待欧洲大陆东部国家就座的席位仍然空着。从那时起，该实验室就发展成为一个主要由西欧国家参与的项目。当时共有21个国家出席，辩论十分激烈。英国代表团由电子发现者之子、诺贝尔物理学奖得主乔治·汤姆森率领，他主张围绕现有设施开展合作，而不是启动耗资费时的国际项目。他认为人比机器更重要，并以即将完工的400 MeV利物浦回旋加速器为例，说明可以提供给欧洲各地的科学家使用。这一想法获得了有经济困难的欧洲国家物理学家的支持，尤其是维尔纳·海森堡，他特别支持汤姆森的提议。而南斯拉夫代表则提出了另一种看法，人们可能会更加关注最强大的机器。

1952年2月在日内瓦举行了第二次政府间会议，会上商定成立一个"欧洲国家代表委员会，负责规划一间国际实验室，并组织其他形式的核研究合作"。会议结束时，在纽约哥伦比亚大学的拉比很快收到了一封来信，信中写道："我们刚刚签署了一项协议，正式启动了你在佛罗伦萨创立的项目。'母亲'和'孩子'都很好，'医生们'向您问候。"信上有11个签名。随后，日内瓦获得委员会席位，接下来的3个月里，协议获得批准并于5月2日正式生效。11个国家签署了该项协议，但英国仍倾向于继续充当观察员的角色。当然，这并没有阻止英国代表发挥积极的作用，甚至为这一刚刚起步的协议提供财政捐助。该协议的期限为18个月，到结束时委员会应制订一项建立新的实验室公约。协议也提及了更多关于欧洲核子研究中心组织方式的信息，例如，每个成员国在委员会中会有两个席位，并且每个国家都拥有一票的投票权，而所有决策将由投票决定。

欧洲核子研究中心

在委员会的第一次会议记录中，之前相当烦琐的名称变更为紧凑的"欧洲核研究委员会"（CERN）。从那时起，一系列的会议敲定了欧洲核子研究中心发展的雏形。实验室的第一台机器计划是一台能量至少为 500 MeV 的同步回旋加速器。到第二次会议时，维尔纳·海森堡起草的一份报告得出结论：在过去的 20 年里，原子物理学的研究兴趣点已经从原子核转向了基本粒子，而为了理解原子核，首先必须理解基本粒子。报告接着说，要做到这一点，粒子加速器是必不可少的，因为尽管加速器无法与宇宙射线的能量相匹敌，但它提供了更强的粒子束，让物理学家有更多粒子间相互作用的实例来研究。

海森堡和他的同事们注意到，尽管英国有些加速器已经快要完成了，但目前欧洲没有 200 MeV 以上的加速器，而在美国，一台 3 GeV 的质子同步加速器已经在纽约州长岛的布鲁克海文国家实验室投入使用。质子同步加速器的成功，再加上 1952 年那个时期物理学领域的研究现状，欧洲实验室的参与者得出这样的结论："如果有人想要有全新的突破，那么就必须考虑建造一台 10 GeV 的大型机器。"新实验室的建造目标正在成形。

有一个团队参观了美国的伯克利和布鲁克海文国家实验室，那里是世界上最大型和功率最强的加速器所在地。在布鲁克海文国家实验室，参观团队得知了一些令人兴奋的消息。布鲁克海文国家实验室的 3 位科学家——欧内斯特·库朗特、M. 斯坦利·利芬斯顿和哈特兰·斯奈德已经提出了交变梯度或强聚焦这个新概念。在这个概念中，加速器的四极聚焦磁铁被设置为交替聚焦和离焦。在水平面上聚焦的四极体，在垂直面上会发生离焦，如果磁铁的排列得当，在两个平面上的整体效果都是强聚焦。这为更高能的粒子束和更小的真空室开辟了道路，从而降低了成本，使投入的资金能够用于制造更高能量的大型机器。布鲁克海文国家实验室的科学家慷慨地分享了他们的新想法，开启了粒子物理学横跨大西洋合作的时代，到今天这仍旧是该领域的标志。

10 月，在阿姆斯特丹举行的委员会第三次会议上，奥德·达尔提出两项关于质子同步加速器的提议，项目 1 是最初的 10 GeV 机器，而项目 2 是布鲁克海文国家实验室使用的交变梯度技术的

30 GeV 机器，后者比前者速度更快且成本更低。委员会选择了项目 2。就纯粹的未来发展而言，它就是那个时代的大型强子对撞机。随后，在不过度限制研究潜力的情况下，能量降到了 25 GeV 以控制成本。

与此同时，日内瓦从丹麦、荷兰、法国和瑞士等国政府提交的提案中脱颖而出，当选为未来实验室的所在地。虽然所有的提案地点都非常不错，但日内瓦获得了全体一致的投票。日内瓦位于欧洲的中心位置，瑞士在战争期间一直保持中立，而且日内瓦已经担任过许多国际组织的东道主，这些因素都发挥了作用。在日内瓦实验室筹备建立的同时，理论研究方面的工作也在哥本哈根进行。

到 6 月 29 日至 30 日在巴黎举行第六次会议时，临时的欧洲核子研究中心已经在规定时间内完成了相应的工作。《欧洲核子研究中心公约》（以下简称《公约》）草案已经起草完成，并获得了 11 国代表连同英国（之前代表们已经签署了原始协定）的一致同意，该文件也由大家签署完成。《公约》是一份了不起的文件。它非常简洁，只有十几页，但它就是一份和谐融洽的国际合作蓝图。根据《公约》，财政拨款是根据近年来国民的平均净收入来计算的，以便每个成员国都能按其财力支付。当然，还是存在一个上限，以确保没有任何一个国家支付的金额会超过委员会规定的总预算的最大比例，并且也有条款来帮助遇到财政困难的成员国。简而言之，欧洲核子研究中心的《公约》起草者表现出了远见卓识，为该组织创造了一个长期且富有成效的未来。他们做得非常出色，现在就只剩下收集签名了。

4

新实验室的诞生

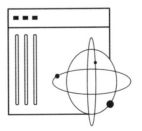

▶▶▶

　　1954 年 9 月 29 日，弗兰克·西纳特拉以歌曲《喷泉中的三个硬币》荣登英国单曲榜榜首，而威廉·戈尔丁的《蝇王》刚刚出版。在那一年的早些时候，英国结束了战后的食物配给，而联邦德国赢得了足球世界杯，并在决赛中以 3 比 2 击败了匈牙利。也是 9 月的那一天，法国和德国将批准《欧洲核子研究中心公约》的文书交给位于巴黎的联合国教科文组织总部，欧洲核子研究中心正式成立。此时，临时委员会已经不复存在，缩写 CERN 也应该被载入史册，由 OERN 取代。然而此时，CERN 这个名字已经固定下来，并一直沿用至今，尽管它所代表的机构 60 多年前就已经解散了。

　　在那重要的一天到来之前，欧洲核子研究中心一直处于一种不确定的状态。1953 年 6 月在巴黎举行的委员会第六次会议上，批准了《公约》，临时的机构组织就此解散，让位给过渡期的 CERN，其工作是为建立欧洲核子研究中心铺平道路，他们的工作包括制订规章制度，并起草即将成立的欧洲核子研究中心与其东道主瑞士之间的法律协定。简而言之，过渡期 CERN 的全部工作就是，为运作一个全新的跨政府间合作的机构设立所需要的所有管理部门，并制订计划。

巴黎会议的整体氛围非常积极，委员会中没有人预料到批准的过程会花很长时间；委员们商定了一个到年底以前为期 6 个月的时间表。作为一个临时组织，过渡期管理委员会仍在联合国教科文组织的主持下运作，在欧洲核子研究中心成为独立的法律实体之前不应采取任何实质行动。然而，实际情况却大不相同。目前，由法国人罗伯特·瓦勒尔担任主席的委员会成员决定不再犹豫，马上着手在日内瓦建立一间实验室。奥德·达尔的质子同步加速器研究小组设在日内瓦大学的物理研究所，而处于萌芽阶段的理事会和行政小组（位于日内瓦机场的科因特林别墅）也开始工作了。在《公约》获得全面批准以前，委员会在日内瓦由瓦勒尔主持举行了三次会议。

瓦勒尔领导的委员会成员沉浸在 1953 年 6 月的欢欣鼓舞中，对他们而言，似乎没有时间可以浪费了，但他们没有估计到，《公约》需要多长时间去获得每个欧洲核子研究中心的创始成员国的民主审批。到了年底，只有英国批准了该《公约》，并于 12 月 30 日将批准文书交存于联合国教科文组织总部。1954 年 2 月，瑞士第二个批准了该《公约》，随后丹麦在 4 月，荷兰在 6 月，希腊、瑞典和比利时在 7 月陆续通过了《公约》。当法国和德国于 1954 年 9 月 29 日批准《公约》之后，成立新组织的所有条件都已满足：至少有 7 个成员国批准，其中包括东道主瑞士，这就占了整个组织成员的 75% 以上。1954 年 10 月，挪威的整个审批进程结束，而南斯拉夫和意大利于次年 2 月也通过了此《公约》。

虽然各国议会的批准之路很曲折，但瓦勒尔还是主持了三次临时期的委员会会议，第一次是在 1953 年 10 月。巴克尔报告说，相对较小的同步回旋加速器（SC）将在欧洲核子研究中心正式成立后的 3 ~ 4 年内投入使用。而关于质子同步加速器（PS）的能量、成本和时间尺度等问题还有许多讨论。一些代表认为，比起能量更大的机器，目前最好是尽快准备一台 20 GeV 的机器。其他人则认为，在能量较低的机器身上，物理研究的发展可能受限。虽然一台设定能量值达到 20 GeV 的机器可以轻松地研究介子的产生，但它可能与核子 - 反核子的产生发生矛盾，而核子 - 反核子被视作物理学研究新阶段的丰富实验来源：在这些讨论中，反核子仍然是假设存在的。

英国物理学家约翰·科克罗夫特打破了这一僵局，提出制造一种可以轻松实现 20 GeV 能量的机器，但也有可能被推到 25 GeV。在他看来，这样的机器将有能力产生足够多的核子 - 反核子对，来进行有意义的科学研究。会议最终确定了能量值为 25 GeV，于是达尔的团队开始工作了。

也是在瓦勒尔的第一次会议上，代表们讨论研究出了一个管理结构的框架。委员们将任命一位总干事来管理实验室，下面是若干部门。大体上，这样的结构目前仍在使用。瓦勒尔的第一次会议是卓有成效的，但当时还没有一个成员国批准。

　　在瓦勒尔的任期内，来自苏黎世的建筑师鲁道夫·斯泰格被选出为实验室创作一个大胆的设计，他是新建筑派的支持者，该派建筑擅长使用干净、醒目的线条，战后重塑了欧洲的大部分地区。由于没有得到批准，有人担心整个事情搞砸，于是向斯泰格提出了一项终止条款，他同意了。1954年5月17日，推土机正式开始工作，这是一个历史性的时刻，但当时除了欧洲核子研究中心的少数工作人员、罗伯特·瓦勒尔以及日内瓦的一些官员外，几乎没有其他人在现场亲眼看见。

　　到此时，瑞士裔美国物理学家费利克斯·布洛赫已被确定为总干事。作为斯坦福大学的诺贝尔物理学奖得主，布洛赫教授的专长是核磁共振——这个领域和欧洲核子研究中心的研究并没有直接联系，但布洛赫还是答应并接受了这份工作，因为这个职位需要他这样的人来担任。当瓦勒尔最后一次主持会议在4月结束时，他表示希望这是欧洲核子研究中心在过渡期的最后一次会议，愿望即将实现。

　　当《公约》最终获得批准时，欧洲核子研究中心已经稳稳地站在了起跑线上。委员会结构已经成形，主要的一些合同也已经准备好以供签署，大约120名工作人员已开始工作，其中大部分人在日内瓦，一些在哥本哈根，少数在利物浦。已经选定了一位建筑师，工地上的建筑工程也已经开启。由瓦勒尔挑大梁这段时期是富有成效的。

建设的过程

对于每天从法国跨越边境到瑞士的成千上万的上班族而言，欧洲核子研究中心算不得建筑上的瑰宝。诚然，各成员国的旗帜，加上日内瓦市和欧洲核子研究中心自己的旗帜，以及 2004 年由瑞士联邦捐赠给欧洲核子研究中心的"科学与创新世界"大楼（当时十分引人注目，后来作为研究中心的访客中心使用），都在暗示此处将有重要的事情发生。但对建筑的投资，至少目前看来，并不是欧洲核子研究中心的首要任务。情况并非一直如此。1954年，斯泰格被选中负责设计和建造实验室，他提供了一份功能现代化的声明，或者更确切地说，是由他儿子发布的。老斯泰格当时正忙于建造苏黎世的新市立医院，因此，只有 21 岁的儿子彼得接手了这个项目。彼得年轻且缺乏经验，但他曾在美国与弗兰克·劳埃德-赖特共事，作为赖特的忠实追随者，这显而易见已经预示了可以在欧洲核子研究中心的建筑上见到这位伟大的建筑师的风格。彼得·斯泰格的年轻与经验不足并没有使他打退堂鼓，相反，管理这样一个大型项目的机会激励了他。正如他在 2010 年的一次采访中所指出的："我当时还没有管理这样一个大型项目的经验，但是碰巧欧洲核子研究中心的每一个参与者都很年轻，都缺乏经验！"他发现自己拥有许多的同伴。

斯泰格最后推出了一个由行政大楼、车间和实验室组成的彼此连贯的建筑综合体，当然还包括可以容纳同步回旋加速器和质子同步加速器的建筑物。最醒目的自然是欧洲核子研究中心的主楼，它拥有大胆而优雅的线条、宏伟的入口、巨大的楼梯、镶嵌马赛克瓷砖的地板和垂直的支柱，都让人想起劳埃德－赖特著名的倒立蘑菇柱建筑风格。即使是建筑物的外部，街灯也很优雅，一对弯曲的灯柱巧妙地缠绕在一起，就像夏日湖上追逐求爱的天鹅的颈项。到了今天，最初的欧洲核子研究中心的园区已经很难看到了，被不断更新的、不那么特点突出的建筑物所包围，但是主楼仍然是实验室的核心。当被问及对其宏伟设计的变化有何看法时，斯泰格表现得很淡定。他说："五六十年代的建筑还不能被认定为遗产，它们还很年轻。未来几代人都会对此感兴趣，只是我们还没到那一天。"

建设稳步向前推进，但并非一帆风顺。当地社区党带头发起了一项如火如荼的倡议，阻止在日内瓦建立欧洲核子研究中心。该倡议获得了大量的签名，迫使市政府举行了全民公投，并吸引了一部分人的支持，这些人认为，这样一个实验室会破坏瑞士一贯坚持并引以为傲的中立性。1953 年 6 月 28 日，也就是实验室工地开工一个月后，就这个问题进行了投票，结果有 70% 的人支持实验室建设，彻底否定了之前的倡议。

言归正传

　　1954 年 10 月 7 日，罗伯特·瓦勒尔作为主席的最后一次工作是在日内瓦主持召开了欧洲核子研究中心委员会的第一届会议。爱德阿多·阿玛尔迪担任助理总干事，费利克斯·布洛赫担任新实验室主任。随后议程转向各工作组的报告，一切常规化的工作迅速确定了下来。达尔和他的团队成员约翰·亚当斯介绍了欧洲核子研究中心成立过程中一个反复出现的主题：在土木工程中需要极高的精确性。质子同步加速器将有一个半径为 100 米的圆，组件对齐的精确度小于 1 毫米。像这样的要求决定了该建筑物地基的范围，而且地基必须极其稳定，这令委员会对日内瓦盆地的地质情况进行了一次讨论，当地在上一个冰河时期曾深埋于几百米厚的冰层底下。

　　在第一次会议后不久，行政主管塞缪尔·弗伦奇·达金的备忘录中就出现了关于实验室名称的问题。这份备忘录的标题是"该组织名称与首字母之间的矛盾"。这似乎是一个微不足道的细节，但它会带来程序化和法律性的后果。达金认为，只要在每一份法律文件中都明确指出，全称与缩写是可以互换的，那么"欧洲核子研究中心"理所当然应该简称为 CERN。但他也指出，科瓦尔斯基觉得这个想法"愚蠢到让人无法忍受"。达金曾给布洛赫写了一封信，请他向成员国代表团征求意见，指出 OERN 在大多数语言中很难发音，任何改变都需要所有成员国书面同意，而这需要委员会冗长的工作流程。似乎没有人觉得这个问题很棘手，所以仍然叫作 CERN。关于该组织名称的讨论一直持续到今天，但现在的焦点更多地集中在，为什么"核"这个词出现在一家以粒子物理学研究为主的实验室的名字里。

1955 年 2 月，欧洲核子研究中心委员会第二次会议的第一天，意大利向联合国教科文组织交存了批准文书，到此，整个批准的过程正式结束。然而，这次会议最重大的消息是布洛赫即将离开，他表达了辞职的愿望，因为繁重的行政事务令他没有足够多的时间做研究。委员会遗憾地接受了他的辞呈，一致任命科内利斯·巴克于 1955 年 9 月 1 日接任。

布洛赫作为总干事的剩余职责之一，就是为该建筑正式奠基。瑞士联邦主席马克斯·珀蒂皮埃尔亲自到场见证了奠基仪式。1955 年 7 月 10 日，布洛赫将一份用英语和法语（CERN 使用的官方语言）书写的小文件妥善地装入一个钢罐内，密封存放于将要安置同步回旋加速器的大楼地基之中。文件上这样写道："1955

年6月10日，在日内瓦市为我们慷慨提供的这块土地上，奠定了欧洲核子研究中心总部的基石，这也是第一个致力于促进纯科学合作研究的欧洲机构。"

日内瓦实验室的建设进展顺利，而物理学方面的研究也取得了进展。1956年在美国，弗雷德里克·莱因斯和克莱德·科温最终探测到沃尔夫冈·泡利于1930年的公开信中提到的粒子。欧洲的科学家迫不及待地想有所行动，不久之后，欧洲核子研究中心的第一台加速器研究开始运作了。巴克兑现了他的承诺：1957年8月1日，自他报道上任之日起三年内，同步回旋加速器终于开始运作了。那一天的日志是这样记载的："1957年8月1日，我们在第一道环流粒子束出现之后举行了一个简短的庆祝活动。"当时，这台同步回旋加速器体积颇大，专门为其留出一栋大楼来安置它，欧洲核子研究中心的很多仪器寿命都很长，这台机器也一样，运行了33年，直到1990年才退役。今天，这台同步回旋加速器仍然在以另一种方式继续努力工作：作为一个景点，为前来参观的游客讲述欧洲核子研究中心的早期历史。

5

大型机器的问世

▶▶▶

"还记得 1959 年 11 月 24 日晚上吗？我当然记得。"希尔德雷德·布卢伊特开始回忆那晚的美好，质子同步加速器从那晚开始成了世界上能量最高的粒子加速器。作为布鲁克海文国家实验室的科学家，在欧洲核子研究中心的早期阶段，她和她的丈夫约翰曾是质子同步加速器小组的成员，现在她该回去了——或者说她希望如此。不过，时间不多了。她回纽约的票已经订好，将于11 月 25 日离开日内瓦。她和项目负责人约翰·亚当斯在欧洲核子研究中心的餐厅里吃晚餐时，还剩不到 24 小时，她希望在离开之前看到机器运转起来，但希望不太大。

自欧洲核子研究中心正式成立以来已经忙忙碌碌运转五年了。起初，实验室的事务管理并不科学，当时没有任何可供操作的机器，实验物理学家就几乎无事可做，所以当时的研究中心也很难吸引到研究人员。1957 年，当同步回旋加速器中产生第一束设定能量为 600 MeV 的环流电子束时，一切都发生了变化——这使同步回旋加速器成了欧洲能量最高的粒子加速器，尽管仍然落后于美国的能量高达数十亿电子伏的大型加速器。

在 20 世纪上半叶发现的粒子中，有一些是不稳定的介子。例如，一个负介子，会衰变成一个 μ 子和一个中微子，反过来中微子又会衰变为一个稳定的电子，以及另一对中微子。在同步回旋加速器启动时，粒子相互作用理论中出现了一些令人信服的理由，就是介子在衰变过程中偶尔会跳过μ子，直接衰变为电子，这种情况偶尔发生但非常罕见。杰赛普·费德卡罗是一位意大利物理学家，他最初在利物浦为欧洲核子研究中心工作，他和同事们都意识到，他们可以用一种相对简单的实验装置在同步回旋加速器上测试这一点。他们会在一种叫闪烁体的材料上捕捉介子，当介子停止出现时，闪烁体会发出信号，然后用另一组闪烁体来观察介子衰变过程中出现的粒子。

当研究小组在1958年进行实验时，大多数时间他们看到的信号都对应于一个介子、一个μ子和一个电子，但是偶尔大约万分之一的概率会发生μ子消失的情况，这表明就如刚提出的理论预测的那样，介子直接衰变为一个电子。这是欧洲核子研究中心的第一个重大发现，正如费德卡罗后来所说："消息一夜之间传遍了全世界。"1958年9月，在日内瓦举行的联合国原子和平会议上宣布了这一消息，大约有80家报纸和杂志对此进行了报道。在其他方面，欧洲核子研究中心的名气也越来越大，世界各地的人都想要来参观这一科研界的新星，实验室的新闻办公室发现，在过去一年里，共有来自58个国家的6 000多人参观了这个实验室。

同样也是在 1958 年，实验室开始了在更精密的仪器上进行认真的研究工作。欧洲核子研究中心的管理层已经决定，质子同步加速器应当配备最先进的粒子探测系统，以观察质子同步加速器的高能粒子束与固定靶之间的相互作用，从而观察并测量粒子间的相互作用。如今，粒子探测器是常见的电子设备，但是在 20 世纪 50 年代，它们本质上属于光学设备，配有气泡室这种装置。

气泡室包含一个液态靶，这个液态靶承受略低于沸点的压力。当高能带电粒子通过液体时，压力降低，而穿越带电粒子时就会触发气泡的形成。而当带电粒子电离液体时，就会从原子中释放出电子，此时，这些气泡就会沿着电离路径而形成，并留下微小气泡的痕迹，就像线上的珠子一样。实验人员分别从不同角度拍摄这些现象，以便对气泡轨迹进行三维重建，供后期分析。许多重大的发现都是靠气泡室这种装置完成的，直到 20 世纪 80 年代仍在使用气泡室，特别是在这种装置使用的高峰时期，大量的研究人员会一张一张地仔细扫描所拍下的照片。

1958 年，欧洲核子研究中心已经拥有一个尺寸为 10 厘米大小的小型液氢气泡室，当时正在建造的是一个更大的 30 厘米的液氢气泡室，但实验室已经决定要修建一个前所未有的 2 米大的腔室。这需要时间，而且有可能在质子同步加速器启动之前还没有准备好。不过，幸运的是，还有另外两个选择。当时的英国人正在建造一个 1.5 米的气泡室，准备在哈韦尔使用，预计可以提前完工。在此期间，英国的这个气泡室可以借给欧洲核子研究中心使用。而法国人也建造了一个 80 厘米的液氢气泡室，他们希望能用于欧洲核子研究中心。除了这些液氢气泡室外，欧洲核子研究中心还决定建造一个重液体气泡室。重液体提供的是一个高密度靶，不需要低温冷却。虽然重液体气泡室出来的实验结果没有液氢气泡室清晰，但它不需要低温系统来液化氢，这意味着该装置的操作不需要太精细，而且重要的是，完成实验的速度会有所提升。

1958 年的另一个亮点是欧洲核子研究中心第一台计算机的出现。这台计算机取名"费兰蒂水星"，一问世就立即投入使用，其中一个作用是在同步回旋加速器上帮助精确测量介子的衰变。"水星"还用于对实验中使用的探测器元件进行蒙特卡罗模拟。之所以被称为蒙特卡罗模拟，是因为它是建立在随机数发生器的基础上的——类似于那个地中海城市（蒙特卡罗）著名的轮盘赌——是粒子物理学中一种珍贵的工具。它们用于模拟粒子与粒子探测器相互作用时发生的情况，对于新数据的探测起着至关重要的作用。除了测量实验中实际出现的数据外，物理学家还会生成大量的蒙特卡罗数据来展示，根据已知的物理学理论，实验中应该会出现什么结果。实际测量值和蒙特卡罗数据之间的差异，都可以作为新情况的证据。

雀巢咖啡罐的关键作用

到 1959 年，同步回旋加速器已经成为新兴研究领域的一部分，该领域现在被称为高能粒子物理学。同步回旋加速器已经为欧洲核子研究中心带来了名气，但那一年注定是质子同步加速器诞生的一年。

1959 年 5 月 22 日，为质子同步加速器提供粒子束的直线加速器将第一批粒子加速到 10 MeV，这个开头属于比较温和的电流强度。到 8 月底，直线加速器已经将那批粒子加速到 50 MeV，准备注入质子同步加速器中。到 1959 年 9 月 16 日，质子同步加速器第一次产生了粒子束，当时注入的粒子第一次绕环形加速器走了一圈。这是一个重要的里程碑，约翰·亚当斯在由欧洲核子研究中心主办的第二届国际高能加速器及仪器大会上及时宣布了这一消息。

到了 10 月，实验人员设法捕捉到了粒子束——一方面，用磁铁沿环形引导一束 50 MeV 的粒子束；而另一方面，则计算粒子在适当的时刻到达射频加速腔，然后按秩序排列成为分散但有序的粒子束所需的时间。这种情况被称为粒子束捕捉，原则上可以无限地储存粒子束。下一步是加速粒子束，到了10月和11月初，这方面取得了一些成功，因为粒子束能量达到了 2 ~ 3 GeV，也仅此而已。有了如此全新的机器，预期会有缓慢的进展，但即使是这些微不足道的成功，也令人感到欣慰，因为每个人都知道，过渡期的巨大障碍仍然摆在前方。

粒子之间存在一种自然的能量，这有两个重要的含义。首先，较高能量的粒子受弯曲磁场的影响较小，偏离幅度就小，当它们绕着圆环运动时，会移动得更远。其次，高能量粒子的运动速度比低能粒子快。然而，当粒子接近光速时，相对论表明，随着能量的增加，速度增幅越来越小，最终到达一个点，就是所有粒子会花同样的时间绕着机器转的原因。这个点叫作工作点。

在工作点之下，高能粒子跑完一圈所用掉的时间比低能粒子要少。对射频腔内的振荡电场进行定时，粒子束会在电场上升时到达，因此，高能粒子先接触到较低的电场，比起后来到达的低能电子获得相对较少的能量。这就使粒子们最终汇集成稳定的粒子束。

在工作点之上，高能粒子比低能粒子需要更长的时间来绕环运行，因此，射频系统必须为首先到达的低能粒子提供更多的能量。这意味着必须在到达工作点时快速翻转定时，以便粒子能在电场下降时到达，否则粒子束会变得不稳定。在质子同步加速器中，工作点会出现在 6 GeV 左右。

应亚当斯的邀请，希尔德雷德·布卢伊特回到日内瓦参加了机器的启动和运行，这样她就可以学习欧洲核子研究中心的经验。随后第二年，布鲁克海文国家实验室就启动了自己的大型机器——交变梯度同步加速器（AGS）。"我很快就得回去操作 AGS，"布卢伊特说道，"随着欧洲迫不及待地制造高能质子，美国对高能质子的需求压力越来越大。"所以几周以后，她和亚当斯在欧洲核子研究中心的餐厅度过了她在欧洲的最后一晚。他们吃完饭后就直奔质子同步加速器所在的大楼。自从亚当斯在会议上宣布了消息之后，研究一直进展缓慢。这些日子一直用于完成质子同步加速器上的环和控制室的设备安装与测试，每周只有几个晚上的时间用来进行粒子束实验。

当他们走向同步加速器中心大楼时，亚当斯和布卢伊特一直在讨论一个想法，这个想法是杰出的加速器物理学家沃尔夫冈·施内尔正在研究的。"沃尔夫冈认为这种径向相位控制会真正发挥作用，"布卢伊特说，"他很乐观，也许……"她的话音渐渐低了下去。也许沃尔夫冈对这个想法充满激情，但其他人都不抱太大的希望。施内尔并不气馁，利用了他能找到的所有东西，包括一个旧的雀巢咖啡罐，它的尺寸刚好符合一个元件的大小，用其制造到达工作点时翻转加速场的装置。出乎意料的是，亚当斯和布卢伊特一走进质子同步加速器中心大楼，就看到了所有人的笑脸。施内尔把他们拉到监视粒子束的示波器前。"我们看过了，"布卢伊特还记得，"有一道宽阔的绿色痕迹……什么时间……为什么，为什么粒子束是向外传递能量的？我大声说了出来——工作点！"施内尔很快就拿着他的雀巢咖啡罐回到了电子设备架后方，在大家反应过来以前，粒子束已经通过工作点升到了 10 GeV。那天晚上的晚些时候，粒子束一直加速到最大能量。质子同步加速器的日志上只是简单地写道："19：35，历史性时刻。"布卢伊特则没那么谨慎。"一定是 25 GeV！别人说是我在尖叫，但我记得的是又哭又笑，在场的每一个人都是立刻尖叫起来，我拥抱了他们每一个人并互相拍着背。粒子束能量有节奏地不停往上增加。"

当所有人都平静下来回到现实中的时候，布卢伊特匆匆发了一封电报给布鲁克海文国家实验室，告诉他们这个好消息。纽约时间凌晨 2 点，布卢伊特的电话响了，消息已经传遍了美国，每个人都想知道是什么带来了这个成功。布卢伊特告诉他们是施内尔的雀巢咖啡罐，电话那头所有人都笑了。虽然事实上并不是简单地依靠一个咖啡罐，但美国人确实正在为交变梯度同步加速器建造一种类似的装置，并且很有信心这就是实验成功的关键。交变梯度同步加速器将于 1960 年正式投入使用，届时将创造能量高达 33 GeV 的新世界纪录。

图 5-1　1959 年 11 月 24 日晚在欧洲核子研究中心质子同步加速器控制室

　　图左为约翰·亚当斯，他身旁由左至右依次为汉斯·盖布尔、希尔德雷德·布卢伊特、克里斯·施梅泽、劳埃德·史密斯、沃尔夫冈·施内尔和皮埃尔·杰曼。

　　1959 年 11 月，希尔德雷德·布卢伊特并不是欧洲核子研究中心唯一的美国访客。当时，劳埃德·史密斯正离开伯克利在休假，他也在场见证了这一历史性时刻。布卢伊特回忆，史密斯返回伯克利后也计划建造一台类似的机器，能量达到 100 GeV，后来又设计为 200 GeV。这台机器最终建在伊利诺伊州的巴达维亚小镇，巴达维亚位于芝加哥郊外的中西部大草原上，此处有国家加速器实验室，后来 1967 年又建有更新的费米国家加速器实验室。即使回到 20 世纪 50 年代那令人兴奋的时期，在高能物理领域，为了共同的目标大家齐心协力的传统仍然发挥着作用。

在接下来的一年里，工程师渐渐把越来越多的时间交给实验物理学家，这样他们就可以在质子同步加速器上启动研究项目了。与此同时，同步回旋加速器继续在进行一流的研究，特别是设计来测量 μ 子属性的一项实验，被物理学家称为 g-2[1]，这与当时的一个关键问题有关：量子电动力学（QED）是为了描述电子的运动规律，它是否也可以用来描述 μ 子的运动规律？进而，我们是否可以用它解释电磁相互作用力呢？

除了大约重 200 倍，并且寿命很短之外，μ 子似乎与电子很像，量子电动力学对 μ 子（g-2）做了非常精确的预测。实验发现的结果与量子电动力学的预测非常吻合，强调了描述电磁相互作用力的理论。然而，随着质子同步加速器的出现，同步回旋加速器在欧洲核子研究中心高能物理研究的前沿角色即将结束，欧洲核子研究中心的第一台机器很快将被赋予新的用途。从 20 世纪 60 年代中期到 1990 年，同步回旋加速器的工作是提供一个联网的同位素分离器（ISOLDE），它可以传送不稳定的同位素粒子束，覆盖元素周期表的所有范围。尽管有不同的来源，同位素分

1　μ 子就像小型的旋转磁铁，因此字母 g 代表它们的磁性强度。经典理论预测 μ 子 g 的数值为 2，但量子效应带来了微小的差异，因此，人们对测量 g-2 很感兴趣。

离器至今仍在使用，实验范围分布极广，从医学研究到粒子天体物理学都能涵盖。

随着60年代的到来，欧洲核子研究中心在其他方面也开始活跃起来。从1959年5月开始，欧洲核子研究中心委员会就在他们的实验室举行了会议，而到了6月，总干事及行政部门搬进了欧洲核子研究中心新的主楼。欧洲核子研究中心早期的一些成绩还带来了其他方面的好处：1959年7月1日，奥地利作为新的成员国正式加入了该组织，而到了1960年年底，工作人员和来访科学家的人数已经超过了1 000人。

由于科内利斯·巴克在质子同步加速器成功启动的过程中一直担任"掌舵人"，欧洲核子研究中心委员会决定再次确认他的下一个五年任期——但世事难料。1960年4月23日，巴克在美国的一次飞机失事中不幸遇难。约翰·亚当斯曾暂时替补了这个职位一段时间，但是他后来又接受了苏格兰牛津郡卡勒姆研究中心研发的领导工作，1961年8月，维克托-维基-韦斯科夫出任了欧洲核子研究中心第四任总干事。

20世纪60年代初期的物理学

欧洲的质子同步加速器和美国的交变梯度同步加速器正是在高能物理学发展的大好时机推出的。在发现第一个基本粒子后仅仅半个世纪，物理学家就在理解宇宙最小组成单位的结构和运动规律方面取得了巨大进展。电子的发现，然后是原子核以及组成原子核的质子和中子的发现，似乎为物质的组成单位提供了一种简单的解释。随后发现了粒子，比如中微子和反粒子，都很适合这种解释。量子力学为解释物体的基本成分之间的相互作用提供了一个理论框架。

光子带有电磁相互作用，它将电子控制在绕原子核运行的轨道上，而另一种类似的粒子，带有令原子核结合在一起的强相互作用力，最初被称为中介子，后来简称为介子，是由日本物理学家汤川秀树在 1934 年提出的。1936 年，当科学家首次在宇宙射线中发现 μ 子时，以为它是汤川秀树提出的介子，但这种认知很快出现了可疑之处。μ 子的相互作用力是十分微弱的，所以不可能是强力的载体。20 世纪 40 年代发现的 π 介子扮演了汤川秀树所期待的角色，但这让 μ 子又需要一个解释。这并不是唯一的奇怪之处：宇宙射线中出现的其他粒子被命名为"奇异粒子"，因为它们都是出人意料之外的。

在 20 世纪 50 年代和 60 年代初，量子电动力学作为解释电磁相互作用力的理论应运而生，这在一定程度上要归功于欧洲核子研究中心的 μ 子（g-2）测量法。但同样清楚的是，量子电动力学无法解释强相互作用力，也无法解释 μ 子所表现出来的弱相互作用力。20世纪50年代是一个实验比理论发展更快速的时期，这让理论物理学家有许多事情要完成。这个十年，也是宇宙射线研究的实验技术让位于大型粒子加速器的时代，例如欧洲核子研究中心的质子同步加速器和布鲁克海文国家实验室的交变梯度同步加速器。

这两台机器担任着大西洋两岸粒子物理学领域伟大竞争的先锋。这场并不普通的竞争过去就存在，现在仍然十分激烈。粒子物理学领域的竞争者都追求着相同的目标，他们都认识到了一点，那就是从长远来看，激烈的竞争可以让所有人集中注意力，并且为科学研究提供基本的要素——结果的可重复性。

6

理论背景

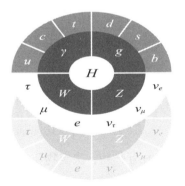

▶▶▶

    粒子物理学的标准模型是科学研究中最成功和经过长期检验的理论之一。它解释了所有的基本粒子以及它们之间的相互作用。

    根据标准模型，只需要四种基本成分就可以构成我们在可见宇宙中能看到的所有物质的多样性，它们分别是上夸克、下夸克、电子和中微子。它们都具有独特的量子特性，比如电荷、弱电荷、色荷和质量。这些特性决定了它们怎样与其他粒子相互作用。这些粒子统称为费米子，是以意大利物理学家恩里科·费米的名字命名的，他第一个描述了这类粒子的运动方式。

    除了这些物质的基本组成部分外，还有一类粒子——玻色子，它是以印度物理学家萨特延德拉·纳特·玻色的名字命名的。包括光子在内的玻色子（本书所提到的希格斯粒子、W 粒子、Z 粒子等都属于玻色子），其运动方式和其他基本粒子不同。玻色子调节物质粒子之间的相互作用，决定物质自身的组织形式，其范围可以覆盖从原子核的极小距离尺度到宇宙的极远距离尺度。费米子和玻色子之间的本质区别在于，费米子不能在同一时间和同一地点共享相同的量子态，它们必须与其伙伴至少有一个不同的量子数，而玻色子可以在凝聚状态中重叠。正是这种区别决定了由费米子构成的粒子会占据物理空间：这就是我们所知的物质存在的必要前提。

在今天的宇宙中，我们感知到的粒子之间有四种相互作用力：万有引力、弱相互作用力（也称为弱核力）、电磁相互作用力（也称为电磁力）和强相互作用力（也称为强核力）。正是万有引力决定了宇宙天体的运行规律，从环绕恒星运行的行星，到错综复杂的星系和星系团，再到宇宙自身这个广袤的整体。电磁相互作用力从太阳向我们输送能量，将电子与原子核结合形成原子，原子间相互作用进而形成从回形针到人，再到行星的一切物体。另外两种力：一种是把原子核结合在一起的强相互作用力；另一种是使原子核分裂的弱相互作用力，它们都被局限在原子核自身极其微小的距离范围内。

要理解粒子是如何工作的，就以电子为例吧。电子有电荷和质量，这意味着它通过电磁相互作用力和万有引力相互影响。由光子携带的电磁相互作用力，会作用于电子的电荷，而万有引力则作用于电子的质量。这两种力造成了许多我们熟悉的现象。正是我们自己与地球之间的相互作用，令我们安然站立在地球之上；电磁相互作用力通过导线中电子的移动将电力带进我们的家园；我们可以透过视网膜上光子间的相互作用看见物体，光子就是光的粒子。

和电子一样，上夸克和下夸克也有质量和电荷，所以它们能受到电磁相互作用力和万有引力的影响，但是夸克也有色荷，这意味着它们也会受到强相互作用力的影响，而这种作用力是由一种叫"胶子"（一种理论上假设的无质量粒子）的粒子携带的。

有了这些零件，我们现在就可以制造原子了。两个上夸克和一个下夸克通过胶子黏合在一块儿构成一个质子。每个上夸克都携带2/3的正电荷，而每个下夸克都携带1/3的负电荷，因此将它们放在一起就可以给质子1个单位的正电荷，正好与带1个单位负电荷的电子配对，从而形成氢原子的电中性。如果我们将两个下夸克和一个上夸克放在一起，我们就会得到一个非常像质子，但是不带电荷的粒子：中子。质子和中子的不同组合构成了元素周期表中所有元素的原子核。正如汤川秀树所预测的那样，这种强大的力通过 π 介子的交换将质子和中子结合在一起。电子围绕原子核运动，形成中性原子，然后通过电磁相互作用力形成复杂的物体。我们熟悉的大多数原子核都是稳定的，因为尽管质子间的同性电荷会相互排斥，但原子核内部的强结合力比质子间相同电荷引起的电磁斥力还要强得多。

沃尔夫冈·泡利提出了中微子这种粒子，本来可以用来解释原子核释放出电子时放射性 β 衰变过程中能量守恒的现象，但现在情况又不一样了。即使按照基本粒子的标准，它们的质量也非常小，而它们携带的电荷也相当弱。这意味着它们只能受到弱相互作用力和万有引力的影响，这令它们极不容易被捕捉到。中微子可以穿过地球，就好像地球并不存在一样，而且大部分中微子都是通过太阳的能量产生机制而出现的，大约每秒钟有 10 亿个中微子会穿过地球上一个指尖大小的区域。由于中微子不会受强相互作用力或电磁相互作用力的影响，所以它们在由夸克和电子组成的固态有形的物质结构中不起作用，但是由于中微子数量众多，它们仍然是粒子物理学家研究的一个重要领域。

这些力的相对强度及其作用范围决定了物质的结构，小到极其微小的距离，大到浩瀚的宇宙。强相互作用力的影响仅限于原子核的规模，它由胶子携带。另一方面，粒子的范围是无限的：它们会一直运动，直到发生相互作用。这就是你能够看到太空深处的原因。如果你在夜晚仰望南方的天空，在半人马星座（离你最近的恒星邻居）中找到比邻星，你用肉眼看到的就是已经旅行了大约四年零三个月的光子，而你所看到的这颗恒星，其实是它很久以前的样子。像哈勃太空望远镜这样的仪器拍摄的图像，其实是更遥远的过去的星象图，回溯到数十亿年前，几乎是时间的起点。万有引力也有一个无限的范围，它的假设载体粒子被称为引力子。对它们特性的预测与最近观测到的引力波一致。被称为 W 粒子和 Z 粒子的弱相互作用力也是短程的，其影响范围仅限于原子核的尺度。

力的强度的变化系数为 10^{39} 倍（即 1 之后有 39 个零），正如它的名称所示，强相互作用力是最强的，而万有引力是最弱的。电磁相互作用力和弱相互作用力介于二者之间。正是强相互作用力和弱相互作用力在微观领域主宰着粒子的运行规律，而万有引力则决定了宇宙天体间的运行规律。而在这两者之间，从原子到人类再到行星，都是电磁相互作用力将物质联系在一起的。

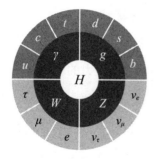

物质粒子在外圈。夸克占据了环形的上半部分，下半部分是轻子。力的载体粒子构成了中间的环，而希格斯粒子位于它的中心。

资料来源：转载自 Particle Fever, LLC。

图 6-1 粒子的标准模型

反物质的发现最终完善了标准模型。反物质粒子和其他粒子一样，只是性质不同。例如，反电子或正电子的质量与电子相同，但电荷相反。我们的宇宙似乎偏爱我们称之为物质的粒子，胜过我们称之为反物质的粒子。为什么会这样还不得而知。

今天，标准模型已经牢固地建立起来了，但在 20 世纪 60 年代，它的最初基础才刚刚奠定。20 世纪 50 年代是一系列新的实验发现让理论物理学家跃跃欲试的十年。而 20 世纪 60 年代才是理论物理学绽放光彩的十年。

夸克和"艾斯"

20世纪60年代是粒子物理学创造性的爆发时期。那时，欧洲核子研究中心的理论物理学家已经搬进了他们的新家——研究中心的4号楼。20世纪理论研究领域的两位巨擘——默里·盖尔曼和乔治·茨威格——各自分别推测了组成原子核的质子和中子的内部可能是什么。对茨威格来说，它们是实实在在的物质，他称之为"艾斯"（Aces，扑克牌中的A）；对盖尔曼来说，它们是一种数学结构，他称之为夸克。而两种说法中共同的地方就是：每个质子或中子都有三个夸克或艾斯。茨威格在欧洲核子研究中心做了一年的研究，其间他写了一篇关于"艾斯"的论文，但当时这篇论文并没有引起欧洲核子研究中心理论部门的重视，因此并没有发表。然而，尽管我们今天仍在用的词是"夸克"，但茨威格相信"艾斯"才是真正的物理粒子。

对夸克的研究始于1961年，当时盖尔曼根据粒子的量子数对其进行了分类，就像门捷列夫根据元素周期表中元素的属性对它们进行分类一样。那时，许多新的粒子已经被发现了，有些粒子具有某些奇异的特性，因为它们是在宇宙射线中发现的，有些则没有；有些粒子带有电荷，而有些不带电荷。人们开始怀疑，是否会有一些尚未被发现的子结构能够解释这种复杂性，所以盖尔曼根据这些粒子的奇异特性和是否带电荷将它们描绘了出来。

当介子以这种方式排列时，它们就形成了一个六边形的八隅体，中心有两个粒子。对于更重的粒子（统称为重子，其自旋量子数为 1/2），如质子和中子，情况也是如此。自旋量子数为 3/2 的重子似乎形成了一个十重态，但缺少一个粒子。正如周期表能够预测未知元素的存在一样，盖尔曼将重子十重态结构中失踪的粒子称为 omega minus（Ω^-），这是 1964 年在布鲁克海文国家实验室正式发现的，盖尔曼因此获得了 1969 年的诺贝尔物理学奖。

也是在 1964 年，盖尔曼和茨威格分别提出了夸克和艾斯的概念。与元素周期表相似，这些粒子与质子和中子是等价的，能够解释元素的多样性。夸克模型通过三种夸克的不同组合，解释了介子和重子的所有种类，尽管在这一点上还不确定夸克到底是真实的物质实体，还是一种便于数学研究的概念。事实上，确实还没有人观察到真实的夸克。

在夸克模型中，π 介子是由上夸克、下夸克和它们的反夸克组成的，而先前被称为奇异介子的奇异性则来自第三种夸克的存在，它就被命名为奇夸克粒子。较重的重子都是由三个夸克构成的。

尽管夸克模型取得了成功，但在实验能证明夸克是真实的粒子之前，还需要一段时间，而理论也解释了为什么没有人见过单独的夸克。到了 20 世纪 60 年代末至 20 世纪 70 年代初期，在斯坦福直线加速器中心（SLAC）的 A 端进行了一系列实验后，这一局面终于有了突破。

斯坦福的直线加速器最初被称为"M 项目"，是个庞然大物，事实上它就是这样。长达 2 英里的电子加速器穿过圣安德列斯断层，它是在 20 世纪 60 年代初期建造的，十年间，它一直在将 20 GeV 的电子束传送到实验终端站的转换场。在粒子物理学众多里程碑式的发现中，杰罗姆·弗里德曼、亨利·肯德尔和理查德·泰勒就是用这样的粒子束来观察液氢和氘靶中的质子和中子，而不是卢瑟福所用的 α 粒子。他们发现历史在重演：电子偶尔会以较大的角度反弹，这表明在质子和中子内部存在小型的坚硬物体，就像卢瑟福的 α 粒子揭示原子中心存在微小的致密原子核一样。对电子散射的详细分析证实了这些粒子的数量是 3 个，这正如夸克模型之前预测的那样。一层新的物质被发现了，粒子物理学领域由此开辟了一个新的研究方向。弗里德曼、肯德尔和泰勒在 1990 年接到了来自斯德哥尔摩的电话，他们的努力为他们赢得了诺贝尔物理学奖。

对称性破缺

20 世纪 60 年代初期，粒子物理学遇到了一个问题。远程力的相互作用、电磁相互作用力和万有引力都已被当时的理论所证实。广义相对论被牢牢地确立为万有引力理论，而量子电动力学在描述电磁相互作用力时已经证明了它的价值，这在一定程度上要归功于欧洲核子研究中心的 μ 子 g-2 实验，但当时还没有好的理论可以解释短程力的弱相互作用力。弱相互作用力的载体粒子必须重，而远程力的载体粒子则没有质量，这种观点可以解释这种差异，但是重力的载体粒子从哪里得到它们的质量呢？从概念上讲，重力的载体粒子是有意义的，但是在现有的理论中，没有办法同时解释大质量和无质量的载体粒子。因此，研究的下一步是能够把所有自然力用单独的一套理论进行解释。

　　17 世纪的牛顿在这条路上迈出了第一步，当时的他意识到地球引力和天体引力其实是一回事。麦克斯韦在 19 世纪进行了第二步尝试，他将电和磁融合到同一套理论中。一个世纪后的今天，三位理论物理学家谢尔顿·格拉肖、阿布杜斯·萨拉姆和史蒂文·温伯格正朝着统一理论漫长而艰辛的道路上迈出第三步。他们各干各的，创造出一种能够将麦克斯韦的电磁相互作用力与弱相互作用力统一起来的理论，条件是调节弱相互作用力的载体粒子，并限制它们的范围，而电磁相互作用力的载体粒子无质量，允许它们一直运动，或者直至遇到障碍。他们的理论没有解释粒子的质量，但它确实预测了弱中间玻色子的存在，称为 Z 粒子，以及两个带电的 W 粒子，即正粒子和负粒子。他们提出的理论被称为电弱统一理论，这为他们赢得了1979年的诺贝尔物理学奖。

然而，在此之前仍有问题要解决：如何解释力的载体粒子的质量差异？答案存在于对称性这个概念。正如对称性在宏观世界中很重要，它在微观世界里也很重要。宏观对称是像镜面反射或绕轴旋转这样的情形。以一个颜色一致的陀螺为例，它具有镜像对称性，因为它看起来和它的反射面是一样的。当它旋转时，它具有旋转对称性，因为不管它怎么转动，它看起来都是一样的。然而，过了一段时间，随着顶部减速、晃动和下降，对称性就被打破了。

在微观层面上，对称性和对称性破缺在各种领域都起着非常重要的作用。在大爆炸中，物质和反物质的粒子数量一样多，换句话说，物质和反物质的对称性是完美的。然而，这种对称性几乎立刻就被打破了，这对我们来说是件好事。当一个物质粒子遇到一个反物质粒子时，两者都会消失，只剩下纯能量。在一个物质–反物质完全对称的宇宙中，用不了多久，所有物质和反物质都会消失，只剩下缓慢冷却的残余能量。宇宙将会是一个非常无趣的存在，但事实并非如此。相反，会出现一个微小的不对称性，这个不到十亿分之一的比例却有利于物质的存在。因此，大爆炸产生的每十亿个物质粒子中，就有一个在原始的湮灭中幸存下来，令宇宙中充满了有恒星的众多星系，其中一些星系有行星，而至少有一个行星上能产生智慧生命。

我们知道这种不对称性的存在，是因为我们可以测量它。通过遥望太空，我们有可能以物质和反物质粒子的原始对抗后留下来的光子的形式去测量物质的数量和辐射量，光子的数量是物质粒子数量的 100 亿倍。没有人知道是什么导致对称性破缺的，尽管我们充分记录了对称性破缺的方式，并且需要在乍一看不过是抽象智力的道路上转移一下注意力。

镜像对称和旋转对称的微观类似物被称为宇称性，用字母 P 表示，电荷共轭用字母 C 表示，时间反演用字母 T 表示。20 世纪 50 年代之前，这些都被认为是所有粒子运动过程的精确对称性，如钴 -60 的 β 衰变，或者是被称为 K 介子衰变。K 介子是像 π 介子一样的粒子，但是含有奇夸克。宇称性涉及镜像对称、粒子与反粒子交换的电荷共轭，以及时间反转。在一个完全对称的世界里，钴 -60 衰变与它们的镜像之间没有区别。反钴 -60 衰变与钴 -60 衰变也是无法区分的，如果你反向进行这个过程，物理定律将保持不变。

1956 年，当李政道和杨振宁提出在弱相互作用力下测试宇称对称性的实验，比如那些导致 β 衰变的实验时，粒子物理学家大吃一惊。当实验者仔细观察钴 -60 的 β 衰变时，他们发现辐射出的电子不是对称出现的，而是有一个首选的方向。换句话说，钴-60 衰变的镜像看起来不同，对称性被打破了。吉姆·克罗宁和瓦尔·费奇在 20 世纪 60 年代进行的实验进一步表明，电荷共轭宇称（简称 CP）的双重对称在 K 介子衰变的过程中也被打破，只留下了 CPT 的三重对称性不可侵犯。

这一切听起来非常深奥，但它是俄罗斯物理学家安德烈·萨哈罗夫在 1967 年列出的三大定则之一，这些定则是宇宙中物质存在的前提条件。萨哈罗夫的第一定则是，在物理系统中一定有某个过程可以改变夸克或反夸克的总数，这样才能在最初对称的宇宙中出现不对称现象。第二定则是，物理定律必须偏向于物质，这就是 CP 破坏的原因——它更倾向于物质而不是反物质，尽管它本身并不足以解释我们所知道的宇宙的存在。萨哈罗夫的第三定则指出，不对称性一定是在宇宙早期，在非热平衡的过程中出现的，因为在平衡中，粒子和反粒子会以相等的数量产生和湮灭。

布劳特、恩格勒、希格斯、古拉尼克、哈根和基布尔

在格拉肖、萨拉姆和温伯格提出的理论中，为了解释携带弱相互作用力的粒子的质量，人们在 1964 年首次描述了一种不同的对称性破缺，从而理解了弱相互作用力的短程范围。这种对称性破缺对我们来说与物质-反物质的不对称性一样重要，因为它不仅赋予产生弱相互作用力的载体粒子质量，限制了它们的范围，

而且它也是赋予所有已知基本粒子质量的机制，只有中微子除外。如果没有基本粒子的质量，物体就无法成形，我们真实的宇宙就会像拥有完美的物质－反物质对称性的假设宇宙一样乏味。正如宇宙诞生之初，物质和反物质之间存在对称性一样，携带力的玻色子之间也存在对称性，并延伸到了力的本身之间。随着宇宙不断地膨胀和冷却，这种对称性会被打破，导致力与力之间开始分化，基本粒子由此获得了质量。正是布劳特、恩格勒和希格斯在1964年首次描述了这种自发对称性破缺能够赋予基本粒子质量，但这并不意味着我们所有的质量都是由基本粒子组成的：它们都很轻，而由质子和中子构成的固体物质的大部分质量都来自将它们结合在一起的能量。

将自发对称性破缺的概念引入粒子物理学的第一人是日裔美国理论物理学家南部阳一郎，他从一个完全不同的物理学分支——超导性中获得灵感。当电子沿着导线运动时，它们会遇到电阻，通过与导线中的原子发生碰撞而损失能量，每一次碰撞都会使它们发射出一个无质量的光子，带走能量并使导线升温。然而，一些材料如果在极低的温度下，电子的运动是没有任何阻力的，这就是超导现象，最早是由荷兰物理学家海克·卡末林·昂内斯在1911年观察到的。简而言之，1957年，约翰·巴丁、利昂·库珀和约翰·施里弗用一种现在被称为BCS的理论（BCS是这三个人名字的首字母缩写）解释了超导性。根据 BCS 理论，在超导体中，如果电子以低于某个临界温度的方式配对，碰撞现象在某种意义上就会消失，原因是，在超导体的晶格中，光子获得了有限的质量，从而使电子没有足够的能量创造它们。也就是说，电子将沿着导线畅通无阻地运动。南部阳一郎想知道这一概念是否可以应用于超导材料范围之外的真空，并为宇宙中普遍存在的场的研究铺平道路，这种场可以赋予粒子质量。他的研究激励了三位欧洲科学家继续迈出下一步。

好的想法总是这样出现的，通过对称性破缺来产生粒子质量的概念，这样的想法同一时间在多个地方纷纷出现，其中两处就是布鲁塞尔和爱丁堡。这只是一场科学革命比较温和的开始，1964 年 8 月 31 日，比利时科学家罗伯特·布劳特和弗朗索瓦·恩格勒发表了仅仅两页篇幅的短文，而 9 月 15 日，来自爱丁堡的彼得·希格斯发表的论文只有一页，但这两篇论文直到今天仍然对粒子物理学的发展影响深远。

三位物理学家都小心翼翼地把功劳归于他们的前辈，特别是南部阳一郎。其他影响的迹象都来自一个事实，即希格斯粒子一直被认为是引起粒子物理学中自发对称性破缺的安德森机制，这可以参考诺贝尔物理学奖得主、物理学家菲利普·安德森于 1963 年发表的相关论文。

后来，在帝国理工学院的课堂上，阿布杜斯·萨拉姆的学生会学习基布尔－希格斯机制，这是萨拉姆向他的同事汤姆·基布尔致敬的方式。基布尔与美国人杰拉德·古拉尼克和卡尔·哈根一起，在 20 世纪 60 年代早期也致力于研究自发对称性破缺，他们三人在该领域的研究论文于 1965 年发表。基布尔在 1967 年又单独发表了一篇论文，这篇论文在理论物理学界受到了广泛的关注。

历史有时候会做出严格的判断，瑞典皇家科学院在 2012 年对这项研究进行了实验验证，他们选择将诺贝尔物理学奖仅仅授予恩格勒和希格斯，因为布劳特在 2011 年已经去世了，尽管他们所有人的研究在高能物理学界都极受尊重。今天，这六位理论物理学家所描述的机制通常被称为布劳特－恩格勒－希格斯（BEH）机制，而这个著名的粒子仅以彼得·希格斯的名字命名。

多年来，所有著名的物理学奖都颁给了布劳特、恩格勒、希格斯、古拉尼克、哈根和基布尔的不同组合。1997 年，欧洲物理学会将粒子物理学奖授予了布劳特、恩格勒和希格斯。物理学家之间的竞争很激烈，但同时也具有很大的气度。"我很高兴地发现我们正分享着这个奖，"彼得·希格斯如此评价，"我的这项研究得到了很多关注，但是他俩（布劳特和恩格勒）显然比我领先一步。"2004 年，沃尔夫基金会也给这三位科学家颁了奖；而在

2010 年，这六位物理学家都获得了美国物理学会颁发的樱井奖。

南部阳一郎将自发对称性破缺的概念应用到真空中，其洞察力是深远的。在这个陌生的量子世界里，我们所认为的真空其实并不是空无一物。相反，它是一锅沸腾的粒子汤，不断地进出又消失，正是真空的这种结构本身产生了粒子的质量。填补这一真空的物质就是后来被称为希格斯场的东西。有些粒子与这个场产生了很强的相互作用力，有些则完全没有，正是与希格斯场相互作用力的强度，决定了基本粒子的质量。换句话说，弱相互作用力的载体粒子——W 粒子和 Z 粒子——对真空的结构十分敏感，它们获得质量，并且有形体，而电磁相互作用力的载体粒子对真空的结构却并不敏感，因此它们保留了无质量和无形体。这就是 BEH 机制如何在一套单一的理论中既能考虑短程相互作用力，又能兼顾远程相互作用力的原因。人们期待已久的证实最终将以被称为希格斯粒子场的激发态形式出现。

新的常态

夸克的假设和发现，加上电弱统一理论的发展，以及用一种合理的机制来解释基本粒子的不同范围，这些在 20 世纪 60 年代都是巨大的进步，但仍然存在问题。20 世纪 60 年代的理论物理学家所使用的基本理论框架是预测无意义的结果，例如给定结果的概率超过 100%。而这需要重正化（也称为重整化），我们可以期待新的十年里的研究发展。

1971 年，乌得勒支大学的杰拉杜斯·特·胡夫特——他是马丁努斯·韦尔特曼的学生——发表了系列论文中的第一篇（这个系列的论文都是由他和导师共同撰写的），将有力地证明格拉肖、萨拉姆和温伯格的电弱统一理论的可重正性。他们找到了一种方法来做有限的、可测量的预测，尤其是对于电弱相互作用力的弱分量——W 粒子和 Z 粒子——的重体粒子的质量。

重正化是描述粒子间相互作用的量子场论的一个共同特征。以量子电动力学为例，20 世纪上半叶发展起来的原始量子场论，是用来描述电磁相互作用力的。到 20 世纪 70 年代，量子电动力学已经成为物理学经典理论中一个成熟的部分，但情况并不总是这样。起初，这个理论似乎预测了比如电子质量这类无意义的结果。造成这种情况的根本原因是，在奇怪的量子世界里，能量可以在短时间内从真空中借来，然后再还回去。正是这一特性使真空具有了结构，这也意味着电子不是一个简单的物质，而是由一团虚光子包裹着一个裸电子构成的。

当实验中的计算把所有的虚光子都考虑进去的时候，它们给出了电子无限大的质量，这在可测量的情况下是不可能的，而正是实验测量掌握了重正化的关键。以数学的巧妙方法而言，通过重新定义理论中的电子质量为可测量值，则计算中的无限大的质量就消失了，剩下的是精确描述观测值的坚实的理论，并使预测值具有可测试性，比如 μ 子 g-2 的反常磁矩，其首次精确测量是 20 世纪 60 年代初在欧洲核子研究中心完成的。

20 世纪 40 年代，量子电动力学的重正化在这一时期出现了一个巨大的进步，并为朝永振一郎、朱利安·施温格和理查德·费曼赢得了 1965 年的诺贝尔物理学奖，这个奖也是给予电弱统一理论的重正化。胡夫特和韦尔特曼的研究是将电弱统一理论建立在坚实的数学基础上，使该理论能够做出精确的可测量预测值，并为漫长而富有成效的实验探索开辟了道路。这两位科学家也获得了 1999 年的诺贝尔物理学奖。理论物理学家已经站起来迎接挑战，现在又坚定不移地将责任转回到实验物理学身上。

7

新生事物

▶▶▶

实验物理学家还有许多工作要做，但仍缺少一个关键成分：一台可以将希格斯粒子从它在真空中的隐藏之处摇出来的机器。最终证明，这台机器就是大型强子对撞机。

随着标准模型的建立，许多科学家将赌注放在希格斯粒子的发现上，但无论布劳特－恩格勒－希格斯机制多么美好而迷人，确保它正确的唯一方法就是找到希格斯粒子。自然界可能会选择以不同的方式赋予基本粒子质量，因此在找到它以前，布劳特－恩格勒－希格斯机制只不过是一个令人信服的设想。

实验人员面临的问题是，没有人知道到底需要多少能量。尽管取得了巨大的成功，标准模型并没有预测希格斯粒子的质量，实际上也没有预测其他几个量。事实上，在标准模型中至少有 19 个自由参数，这些参数需要手工测量和输入。参数之间都是相互关联的，所以每个参数测量得越准确，物理学家就越能确定其他参数。以这种方式严格测量标准模型的参数，就是未来几十年寻找希格斯粒子的主要工作。随着粒子加速器达到的能量越来越高，就会产生越来越精确的测量，希格斯粒子质量的可能范围就会越来越小。

到 20 世纪 90 年代中期，大型强子对撞机所需要的技术已经准备就绪，欧洲核子研究中心总干事克里斯·卢埃里·史密斯此时的位置罕见且令人羡慕，他能保证有一项发现：大型强子对撞机的能量范围会覆盖希格斯粒子留下的全部空间。要么找到它，要么以大自然所选择的其他机制发现它。不过，费米国家加速器实验室仍然存在问题。美国的旗舰能源前沿实验室正准备做最后的努力，尽管它目前还没有足够多的能量覆盖希格斯粒子的整个质量范围，但它覆盖了其中很大一个部分。

通往大型强子对撞机的漫长道路

当欧洲核子研究中心在 1957 年成立加速器研究小组时，这一切仍然还很遥远。那时的同步回旋加速器已经在运行了，而质子同步加速器也在建设当中，但欧洲核子研究中心考虑得更远，不久之后，加速器物理学家们就开始梦想对撞机了。他们并不是加速一道粒子束，然后将其猛击到固定靶上以产生研究者们想得到的粒子间的相互作用；他们认为，如果粒子束可以向相反的方向循环并迎头碰撞，这将产生高能碰撞供科学家研究。对撞机的另一个优点是，它不是单射机。粒子束可以储存数个小时，因为每次反向旋转的粒子束相互穿过时，只有少数粒子会发生碰撞。例如，在大型强子对撞机中，粒子束排列成束，每束几厘米长，在相互作用点上比人的头发还要细。每一束都包含大约一千亿个质子，但在每一束交叉处只有几个质子碰撞。

粒子束将在对撞机中储存数个小时，这意味着必须开发超高真空技术，以便使粒子束不会在与粒子束管内残余气体原子的碰撞中丢失。另外一个需要克服的挑战则是，在每一道粒子束中填充足够多的粒子，使碰撞的次数具有研究价值。

欧洲核子研究中心的加速器物理学家并不是唯一梦想着对撞机的人，世界上最早制造对撞机的是其他地方，比如意大利的弗拉斯卡蒂和苏联的新西伯利亚（当时就在西伯利亚的冰冻弃原之中）。第一台可操作的对撞机就是小型对撞机 Anello di Accumulazione（AdA）。它由奥地利物理学家布鲁诺·陶舍克提出，在弗拉斯卡蒂建造，并于1962年运往法国的直线加速器研究所。1963年，它制造了第一次电子-正电子的碰撞，永远地改变了粒子物理学的进程。

AdA 是一种正负电子对撞机，这一点具有重要的意义。带电粒子在磁场中沿曲线轨迹运动。带负电荷的电子会向一个方向弯曲，而带正电荷的电子则会向另一个方向弯曲，这意味着一组磁铁可以用来在圆形加速器中的反旋转轨道上保持两者的电子束。这种技术将在未来的许多更大型的机器中使用。

从西方的角度可以很容易看到粒子物理学的发展，但是到了20世纪60年代，苏联也正在成为这一领域的强大力量。就在陶舍克和他的同事们开始用 AdA 对撞机进行第一次实验的几个月后，VEP-1 电子-电子对撞机就在新西伯利亚投入使用了。

欧洲核子研究中心紧随其后，于 1961 年将加速器研究小组提升为一个独立的部门。这个部门当时对未来有着宏伟的设计，并有两个项目在研究之中。一个项目是建造一台能量更高的质子同步加速器——一台达到 300 GeV 的机器；另一个项目是建造一台叫作交叉储存环的机器，即 ISR。

欧洲核子研究中心的加速器物理学家了解了弗拉斯卡蒂和新西伯利亚的发展，他们还联系了美国中西部大学研究协会（MURA），该协会曾提出过粒子束叠加的概念：将多道粒子束结合起来，形成一道包含足够多的粒子、能产生强烈碰撞的超级粒子束。在欧洲核子研究中心的设计中，交叉储存环不需要加速粒子，相反，它的工作是从质子同步加速器中提取预先加速的质子束，将其以相同的能量储存在两个交叉环中数个小时，然后在八个交叉点上产生碰撞。为了使其工作，它需要叠加堆积粒子束，并因此开始了在 CESAR 上的工作，CESAR 是一台现在基本上被遗忘的研究机器，但它在欧洲核子研究中心的历史上曾扮演重要的角色。

CESAR，其全称就是欧洲核子研究中心的"电子储存和积累环"，是设计用来测试在一个小型装置中进行粒子束堆积的想法，为交叉储存环铺平道路，它于 1963 年开始运行。到 1965 年，这一想法得到了证实，欧洲核子研究中心委员会也批准了交叉储存环，它于 1971 年上线，成为世界上第一台强子对撞机——强子是由夸克和胶子组成的复合粒子的统称。

交叉储存环的批准不仅为欧洲核子研究中心带来了一个物理学的新时代，还为国际合作打开了新的局面。最初的研究中心场地太小，无法容纳另一台大型机器，因此需要更多的土地。建造交叉储存环的自然位置与现在的场地毗邻。问题是，那块土地位于另一个国家——法国。1965 年，法国政府为建造交叉储存环提供了与欧洲核子研究中心相邻的约 40 公顷[1]的法国土地，因此，地理位置及其成员国数量，使研究中心成了一个国际性组织。多年后，这就出现了一种不同寻常的情况：在欧洲核子研究中心园区西端工作的计算机程序员可以在法国持有一间办公室，然后穿过园区内的马路，到瑞士去吃午饭。

交叉储存环并不是每个人都喜欢的机器。那时，实验人员已经磨炼了他们对固定靶的研究技术，即使交叉储存环可以提供更高的能量碰撞，相当于 2 000 GeV 的固定靶机器的能量碰撞，他们也将研究重点放在 300 GeV 的质子同步加速器项目之后。然

1 1公顷 =10 000 平方米。——译者注

而，当交叉储存环启动时，实验人员已经在那里采集数据了。他们发现，粒子从各个方向的正面碰撞中出现，而且往往与粒子束管道形成很大的角度。这意味着他们最初安装的探测器的能力范围有限，仅仅是碰撞点周围有几个稀疏的元素。虽然在交叉储存环的使用期限内于 1983 年因财政原因终止了对它的使用，但它不仅是加速器物理学家的重要训练基地，也是探测器建造者的重要训练基地。在交叉储存环那里，研究者学会了建造对撞机探测器，这种装置能将碰撞点完全包围起来，不会留下任何空隙让新出现的粒子逃逸。

加速器建造者和实验物理学家在交叉储存环上获得的经验经证明对未来是极好的一项投资。到交叉储存环关闭时，加速器物理学家们已经开发出新的技术，比如在碰撞点的任何一侧放置强大的聚集磁铁，可以尽可能地压缩粒子束，同时最大限度地增加质子与质子之间的碰撞次数。这些碰撞发生在探测器的内部，完全包围了碰撞点。简而言之，交叉储存环已经成为未来对撞机的范本。

保持冷却

用于交叉储存环测试上的最重要的技术是由一位平凡的荷兰工程师西蒙·范德梅尔发明的，他在 1956 年加入了欧洲核子研究中心，专门研究电源转换器——这种装置是从主电源中获取能量并将其转换成运行粒子加速器所需要的形式。在这一方面，他是首屈一指的，西蒙·范德梅尔还是一个喜欢解决难题的人，他有智慧和耐心去解决最复杂的问题。如果一个词可以解决问题，他绝对不会多用一个，但用到的这个词一定是正确的那一个。就像他每周都在做《观察家报》上的填字游戏所表现出来的一样，尽管他的母语不是英语，他依然热衷于此。解决谜题是他的天赋，粒子物理学也是如此。

20 世纪 70 年代，加速器物理学中最大的难题之一就是，如何更好地将松散的粒子群聚集成可以用于物理学实验研究的密集粒子束：这一过程被称为冷却。这在质子及其反物质对应物——反质子——发生碰撞的机器中，被证明是至关重要的。与可以简单地从氢中提取出来的质子不同的是，反质子必须通过将质子束轰击到靶上，并过滤掉产生的少量反质子来制造。这是一个缓慢而艰苦的过程，反质子产生的动量范围很广。冷却，是使它们稳定下来的过程，使密集的反质子粒子束得以积聚。

西蒙·范德梅尔在 1968 年的一次会议上首次提出了冷却这个问题。他设计了一套装置，主要包括两个部分：一个是探测器，负责测量环上某一点的粒子运动；另一个装置负责将粒子束中的粒子"踢"或者叫排列集结到环上另一个点的队伍中。当粒子束通过探测器时，它可以测量粒子样本相对于正确轨道的偏差，然后通过环向踢动装置发送信号，使其推动粒子束。他把这个想法称为随机冷却，随机的意思就是任意的、偶然的，因为每条轨道上都可以找到随机粒子样本来提供校正。这项技术并不能同时校正所有粒子的偏差，但随着时间的推移，每个粒子都会被推到选定的轨道上，而一度难以控制的粒子群就会变成一道紧密排列的粒子束。

然而过了一段时间，范德梅尔的天才之举成了现实。和许多解谜者一样，一个谜题一旦解决了，他就会继续下一个谜题，他的同事们有时候很难说服他写下自己的想法。但这一次，他确实这么干了，1972 年他用笔在纸上写了下来。他在其中一个脚注中写道："这项研究完成于 1968 年。这个想法在当时看来似乎太过牵强，不能作为发表的理由。"不久之后，当随机冷却在交叉储存环上测试成功时，他的疑虑顿时烟消云散。幸亏有了交叉储存环和西蒙·范德梅尔，对撞机物理学的主要难题在 20 世纪 70 年代末期被克服了。

超级质子同步加速器

如果交叉储存环是工程师的选择，那么 300 GeV 的质子同步加速器就是物理学家真正想要的。他们具有在固定靶模式下工作的经验，他们担心交叉储存环无法产生他们需要的碰撞率。因此，科学家们准备不惜一切代价达到前所未有的能量高度，来获得他们想要的满意效果。有些人强烈主张将这两个加速器作为一个整体提交给欧洲核子研究中心委员会，或者干脆放弃交叉储存环。他们担心如果交叉储存环被批准，他们的300 GeV的梦想将会破灭。不过，总干事维基·韦斯科普夫决定依次开展工作。他首先会确保交叉储存环获得批准，然后努力使300 GeV项目也能通过。物理学家们的担心后来证明是很有道理的，因为300 GeV项目由此开始了漫长而复杂的审批过程。

300 GeV项目的首批提案是在1964年提交到委员会的，一年之后交叉储存环才获得批准。它的规模很大，但它并不涉及任何没有在质子同步加速器和交变梯度同步加速器测试过的新技术。在某些方面，这有点令人失望——如果欧洲核子研究中心真的想要实现其成为世界一流加速器实验室的雄心，那它当然应该挑战技术的极限。那样的日子终将到来，尽管当时也许并不明显，但交叉储存环和300 GeV项目都将发挥关键作用，使欧洲核子研究中心在接下来的几十年里在物理学和加速器技术方面实现巨大的飞跃。

人们普遍认为，300 GeV的机器不会建造在日内瓦，这意味着要么修改《公约》，要么由一个独立的组织起草一份新的公约。最后，对《公约》进行了修改，允许欧洲核子研究中心运行多个实验室，因此，无论这台机器最后放置在哪里，都会由现在的欧洲核子研究中心委员会对其进行管理。而新机器会在其他地方建造的可能性，也产生了不少于22个选址提案，包括来自英国的提案——英国当时正想敲开进入欧洲联盟的大门，所以它不放过任何一个机会去展示它属于欧洲的资格。

另一个动力来自大西洋彼岸，那里正在建立一个国家实验室系统，以取代早期的实验室结构。早期的实验室结构实际上是大学里的封闭性质的研究社团，只和组织内部的人一起工作，而不允许社团外的人加入。美国中西部大学研究协会就是其中之一，它也是1967年将国家加速器实验室设在芝加哥以外的中西部地区的一个因素。在鲍勃·威尔逊充满活力的领导下，新实验室制订了雄心勃勃的计划，要用一台500 GeV的机器占领高能物理研究的前沿。1974年，实验室更名为费米国家加速器实验室，很快就取代了布鲁克海文国家实验室的地位，成为欧洲核子研究中心在美国的主要合作伙伴和竞争对手。欧洲核子研究中心和费米国家加速器实验室之间的合作立即就开始了：欧洲核子研究中心的加速器科学家应邀前往美国的新实验室帮助他们建立直线加速器。

美国的发展并没有刺激到300 GeV项目，反而鼓舞了那些认为欧洲应该挑战技术极限的人，他们呼吁对机器重新进行设计。来自成员国对建造一个更大型的质子同步加速器的支持逐渐懈怠，接下来的几年用于重建信心。此时，任命约翰·亚当斯作为项目负责人显得非常关键。作为质子同步加速器的工程师，他是最受人尊敬的加速器建造者之一，他面临的任务非常艰巨。随着美国项目的顺利推进，欧洲的情况仍处于起步阶段，新机器的选址这个棘手的问题还有待解决。

经过多次闭门外交，瑞士政府于 1970 年 1 月召开会议，为新实验室选址，一切似乎都步入正轨。但随后应德国政府的要求，会议推迟了。对许多人来说，一切似乎都失去了意义——但人们却低估了约翰·亚当斯的聪明才智和决心。1 月 23 日，他写信给欧洲核子研究中心总干事伯纳德·格雷戈里（1966 年上任），建议当机立断建立与第一个实验室相邻的第二个欧洲核子研究中心实验室，从而消除选址的障碍。他认为，这将降低成本，因为现在的基础设施可以用来支持新机器。特别是质子同步加速器可以直接用于其中。他还认为，这也可以回应那些认为 300 GeV 项目过于昂贵的成员国的担忧，同时也保证了欧洲核子研究中心及其日内瓦办事处未来的发展。

在亚当斯的提议中，他还建议从建设一台能量相对较低的 150 GeV 的机器开始，稍后这台机器可以通过添加额外的磁铁升级到 300 GeV，或者如果能用上超导磁铁，甚至可以进一步升级。亚当斯的计划还考虑到了地质条件的限制，他提议在地下约 30 米深的隧道中建造一台机器，穿过与现有实验室相邻的法国－瑞士边境。

在接下来的几个月里，越来越多的人在讨论这个项目，这个项目也准备在 1971 年提交到欧洲核子研究中心委员会。该项目一经批准，欧洲核子研究中心的二号实验室就适时地在法国的普雷夫辛正式建立，亚当斯担任实验室的总干事，负责建造一台超级质子同步加速器（SPS）。在边界的另一边，伯纳德·格雷戈里将欧洲核子研究中心的一号实验室的领导权移交给了威利鲍德·詹特切克，欧洲核子研究中心发现自己面临一个尴尬的局面，有两个相邻的实验室和各自独立的总干事。尽管这种局面只持续了一个任期，但一号实验室和二号实验室的名字一直用到 20 世纪 80 年代。此时，最初欧洲核子研究中心实验室所在的梅林小村已经扩展成日内瓦的一个重要郊区，那里还建有一个奥运会规模大小的露天游泳池，离欧洲核子研究中心很近。对当时的英国研究生来说，这里被亲切地称为三号实验室，因为他们在这里花了大量的时间构思毕业论文。

超级质子同步加速器的建设进展很快，到 1976 年，新机器已经准备就绪。1976 年 6 月 17 日，它将粒子束加速到 400 GeV，超过了最初的设计目标，并在 1978 年年底达到 500 GeV。同时，费米国家加速器实验室的机器也在 1976 年 5 月 14 日达到了 500

GeV。同年，欧洲核子研究中心短期内的分散组织结构状态也结束了，一号实验室和二号实验室合并起来，拥有了一个管理结构，尽管依然还是有两位总干事。约翰·亚当斯担任执行总干事，而比利时理论家利昂·范·霍夫担任研究总干事，两人的任期都是5年。

弥合东西方的分歧

小型电子对撞机 VEP-1 的出现，已表明苏联正在迅速为其令人惊叹的理论物理学的研究成就提供支持的实验设备。1956年，社会主义阵营在莫斯科附近的杜布纳建立了联合核子研究所（JINR），地位相当于华沙条约组织成员国的"CERN"。当西欧人还在讨论一台 300 GeV 的机器时，苏联人已经悄悄地把 20 世纪 60 年代世界上能量最高的粒子加速器架在了谢尔普霍夫。从 1967 年 10 月开始，苏联这台机器上一道粒子束的能量为 76 GeV。欧洲核子研究中心非常渴望获得世界上能量最高的粒子束用于研究，于是它与苏联签署了一项协议，它为谢尔普霍夫的加速器提供专业设备，作为交换条件，欧洲的科学家可以使用谢尔普霍夫的加速器。

1967 年建立的合作一直持续到今天，联合核子研究所和欧洲核子研究中心为年轻的物理学家们组织了联合暑期学校，来自苏联各地的科学家也在欧洲核子研究中心的各个项目中合作研究。正是在欧洲核子研究中心，来自民主德国和联邦德国的科学家有了早期的接触，而在柏林墙推倒以后，1991年从波兰开始，许多东欧国家很快加入了欧洲核子研究中心。欧洲核子研究中心与美国和苏联建立了牢固的关系，甚至这令它在20世纪80年代的战略武器限制谈判中扮演了一个小小的角色。由于与美国和苏联的关系良好，欧洲核子研究中心的总干事赫维希·斯库普（1981年接任亚当斯和利昂·范·霍夫的职务）能够提供研究中心作为谈判的初步讨论地点，因为他知道各代表团很难找到一个持中立立场的地点。

彻底改变粒子检测

20世纪60年代，像气泡室这样的光学设备仍然是粒子物理学的首选探测器。研究人员会拍下粒子轨迹，然后一大群人再对图像进行扫描和筛选。1964年，科学家开始想到20世纪70年代和80年代所需的气泡室。与20世纪50年代一样，研究人员只能在相对简单的重液体气泡室和更复杂的液氢气泡室之间做出选择。

重液体气泡室的主要支持者之一，就是法国著名的巴黎综合理工学院的安德烈·拉加里格。1963年，在西恩纳的一次会议上，他草拟了一个大型重液体气泡室的设计方案，次年他又提出了建造一个 17 000 升液体气泡室的计划，将其作为一个欧洲项目并计划安装在欧洲核子研究中心。这个设备将用于研究难以捉摸的中微子之间微妙的相互作用：这在过去和现在都是粒子物理学的一大研究方向，有可能解开宇宙间的许多秘密。拉加里格和他的同事们认为，这样的一个气泡室能够满足物理学研究的需要，而且至关重要的是，在大西洋两岸任何一方出现更费力更耗资的液氢气泡室之前，它就准备妥当了。

欧洲核子研究中心犹豫不决。在质子同步加速器的光谱线上安装这样的探测器的空间是非常宝贵的，实验室希望在投入使用之前确定它是否做出了正确的选择。结果，法国政府同意承担全部的建造成本，欧洲核子研究中心只承担少量的安装费用。这是一个非常好的提议，让人无法拒绝，于是拉加里格的气泡室就出现在地图之上了。

与法国的倡议同时进行的，是一个巨大的液氢气泡室，后来被称为 BEBC，即欧洲大气泡室。它于 1973 年开始运行，比拉加里格气泡室晚了三年。拉加里格的重液体气泡室于 1970 年启动，在竞争中处于领先地位。

拉加里格气泡室被称为"加尔加梅勒"，是以 16 世纪作家拉伯雷的小说《巨人传》中一位女巨人和加尔冈蒂阿的母亲命名的。加尔加梅勒这个气泡室从 1970 年至 1976 年都在质子同步加速器提供的中微子束中运行，然后在1979年退休前继续在超级质子同步加速器上工作。尽管欧洲大气泡室一直运行到20世纪80年代，但乔治·夏帕克在1968年发明了多丝正比室，这宣告了气泡室的终结。现在欧洲核子研究中心，自豪地陈列着加尔加梅勒气泡室（见图7-1）和欧洲大气泡室。

和西蒙·范德梅尔一样，乔治·夏帕克到20世纪60年代末已经是欧洲核子研究中心的元老了。他在1959年加入该实验室，在那以前，他曾从祖国波兰旅行到法国，当时他只有7岁。战争期间，他参加了抵抗运动，在达豪市住过一段日子，之后在法国一些最著名的学校里学习，并于1959年获得了放射性研究的博士学位。当范德梅尔正在解决聚集粒子的难题时，夏帕克也正在对多丝正比室进行最后的处理，这是一个将彻底改变粒子物理学和

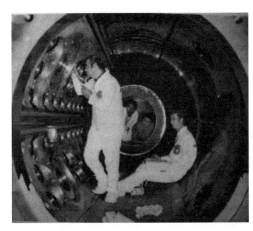

图 7-1　加尔加梅勒气泡室
1970 年 8 月，研究人员正在欧洲核子研究中心的加尔加梅勒气泡室工作。

许多其他领域的装置。

在夏帕克的发明以前，粒子物理学中唯一使用的电子探测器被有效地用作光学设备。火花室就是在高压下具有金属板的充满气体的空间。当高能带电粒子通过火花室时，它们会电离气体，产生带电的电子和离子，这些电子和离子被高压金属板吸引，从而产生可见的火花。夏帕克的想法是控制这些火花。他将一排阳极丝串在金属板之间（不仅仅是高压板），从而产生均匀的电场。选择气体混合物是个明智之举，这取代了肉眼可见的火花，以及在最近的阳极丝上产生的大量的肉眼不可见的电子流。由此产生的脉冲可以用电子方式测量，为引起初始电离的粒子提供一个坐标。随着时间的推移，同样的基本技术得到了改进：阳极丝被布置在一个网格中，为经过的粒子提供两个坐标，通过测量电子脉冲到达导线末端的时间，可以进一步改进测量。

多年来，这一基本技术不但彻底改变了粒子物理学家的研究方式，而且还在其他领域得以运用，尤其是在医学成像领域。

约翰·亚当斯眼睛里闪烁着光芒

随着 20 世纪 70 年代的推进，交叉储存环和超级质子同步加速器都在运行，欧洲核子研究中心正在规划其长远的未来。由于新设施的交付时间越来越长，有必要提前规划，以确保研究的连续性。一种新设备一旦投入使用，物理学家和工程师们就会开始考虑下一种。然后，随着研究结果从现有的设备中陆续产生，可以回答某些问题，并提出新的问题，物理学家就开始为一台新的机器整合物理实验上的案例了。随着 20 世纪 60 年代和 70 年代早期理论的进步，对于一台可以发现电弱统一理论预测的 W 粒子和 Z 粒子的机器，科学家们已经有了一个极为有力的物理学依据。1978 年，才华横溢的意大利物理学家卡罗·鲁比亚向欧洲核子研究中心委员会提出了一项建议，希望借鉴交叉储存环的机器的经验，将超级质子同步加速器转换为质子-反质子对撞机。这样一台机器可以满足必要的研究需求，同时投入的建造成本相对比较少。

鲁比亚认为欧洲核子研究中心已经拥有了大部分的基础设施。质子同步加速器已经为超级质子同步加速器提供了质子，而质子同步加速器粒子束可以很容易地产生反质子。实验人员所需要的只是一个装置来储存反质子，直到有足够多的反质子形成粒子束。然后，将反质子形成的粒子束以与质子相反的方向注入超级质子同步加速器中，使其在两个点上发生碰撞，碰撞点周围将配备强大的探测器。

鲁比亚的计划为欧洲核子研究中心带来了巨大的成功，也为反物质的研究开辟了一条全新的道路，但是当他提出超级质子同步加速器对撞机时，其他人还在展望更远的未来。没有人真的怀疑 W 粒子和 Z 粒子会被发现，但是接下来呢？超级质子同步加速器对撞机可能无法对它们进行详细的研究，于是人们想到了一台可以做到这一点的机器：正负电子对撞机。

20 世纪 60 年代在斯坦福直线加速器中心发现夸克的实验表明，电子可以作为精确的物质探测器。电子和正电子对精密对撞机物理学来说，是极好的自然延伸。作为基本粒子，它们的碰撞干脆利落且容易解释，不像质子和反质子这类粒子，是混合在一起的，会产生混乱的碰撞。在解释质子-反质子碰撞时，必须将夸克和胶子的高能量正面碰撞从碰撞产生的其他碎片中分离出来。

然而，使用电子和正电子的缺点是它们在绕圆周运行时所损失的能量。所有粒子都会抵抗被迫改变方向，带电粒子以光子的形式释放能量，这叫作同步辐射。同步辐射释放的能量与粒子质量的四次方成反比，由于质子的质量大约是电子的 2 000 倍，它们损失的能量要少得多。这使质子类机器能够完美地达到实验结果所需的高能量，而电子类机器则是精密物理学的首选设备。

诸如此类的考虑也促使欧洲核子研究中心思考改变其研究方向。实验室本来长期专注于质子类机器，1976 年，科学家们研究了建造一台大型正负电子对撞机的可能性，这台机器能够运用于高精度的电弱物理学研究。到接下来的一年里，计划进展顺利，物理学界似乎达成了共识，都在关注这台大型正负电子对撞机。约翰·亚当斯十分倡导质子研究，虽然他并不完全确信，但眼中闪烁着希望之光。他认为，欧洲在这个领域更应该向前看。他在1977年7月写道："因此，我们应该构想出一套同时包括电子和质子的机器组合，并且可以建造在同一地点的同一空间中。"当时在亚当斯眼中闪烁的希望之光，最终会由大型强子对撞机来实现。

8

从"十一月革命"到 W 粒子和 Z 粒子

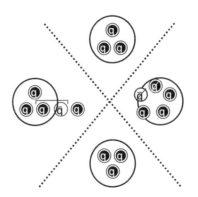

▶▶▶

粒子物理学的标准模型实际上不是一个理论，而是两个。电弱统一理论描述电磁相互作用力和弱相互作用力，而量子色动力学（QCD）描述强相互作用力。当胡夫特和韦尔特曼重新规范电弱统一理论时，量子色动力学仍处于起步阶段。

正如量子电动力学描述带电粒子之间的相互作用一样，量子色动力学描述的是另一种电荷之间的相互作用，即所谓的"颜色"，因此就有了色动力学中的"色"。关于夸克必须有一个额外特征的观点，已经在默里·盖尔曼的重子十重态（见第6章）中暗示过：它预测的 ω-粒子包含了三个明显相同的奇夸克粒子，因为夸克是费米子，这是不允许存在的。1970年，科学家们开始解决这一难题，当时盖尔曼在科罗拉多州的阿斯彭物理学研究中心遇到了德国物理学理论家哈拉尔德·弗里奇。他们开始了合作，并在1973年与瑞士物理学家海因里希·洛伊特维勒合著了论文《色八重胶子物理图像的优势》，这篇论文标志着量子色动力学的起步和标准模型的建立，标准模型是在微观尺度上描述宇宙的框架。这篇论文是盖尔曼和弗里奇合作成果的巅峰。

量子色动力学与量子电动力学有很多相似之处，但在一些重要方面有所不同。比如，量子电动力学是一个量子场论，描述了带电费米子之间玻色子介导的相互作用力：胶子是玻色子，夸克是费米子。然而，这种相似性也仅此而已。不同于电磁学有两种电荷状态——正电荷和负电荷——量子色动力学中有三种电荷态，分别标记为红色、蓝色和绿色。与电荷在宏观尺度上的存在不同，强相互作用力的色荷被禁闭在由胶子结合在一起的夸克组成的复合粒子中。换句话说，所有的复合粒子都是无色或"白色"的。例如，在一个质子内部，总是会有一个红色夸克、一个绿色夸克和一个蓝色夸克，而在一个由夸克和反夸克组成的介子内部，会有一种颜色和它的反色。这两种情况下，得到的复合粒子都是无色的。

色荷禁闭的原因归结为量子电动力学和量子色动力学之间的另一个关键区别：在极短程的距离内，相互作用力的强度会变得非常弱，而随着粒子渐渐分开，相互作用力又会变强。这被称为渐近自由，最初是由弗兰克·维尔泽克和戴维·格罗斯提出的，后来1973年戴维·普利策也解释了这个现象，他们几位科学家因此而获得了2004年的诺贝尔物理学奖。渐近自由的原因是，量子电动力学的载体，也就是光子，是没有电荷的，而在量子色动力学中，存在八重态的多色胶子，它们之间有很强的相互作用力。这是确保每个复合粒子都是无色的原因。如果你试图把夸克从质子中拉出来，你拉得越多，就会觉得越难，因为胶子之间的相互作用增强了。这有点像拉一根有弹性的弦——最终会攒足够大的能量令弦断裂，这个所谓攒起来的能量就表现为夸克–反夸克组合。这也就是强相互作用力使质子和中子在原子核中结合在一起的方式。就像汤川秀树想的那样。例如，当夸克远离质子时，就会产生夸克–反夸克组合。新的夸克与质子一起，而反夸克与逃逸的夸克又形成 π 介子，π 介子转而又被附近的质子或中子吸收，反夸克此时湮灭，留下 π 介子的夸克来补偿。最终的结果是，质子和中子通过 π 介子的交换而结合在一起，并且其相互作用的距离很短。

随着标准模型的具体化和该模型获得认可，一场好戏即将上演。1974 年 11 月 11 日，两个不同的研究团队都有了同一个发现，巩固了标准模型的地位。它的影响非常深远，堪称物理学界的"十一月革命"，它令世界各地的实验物理学家都后悔错过了这样一个机会。例如，欧洲核子研究中心的交叉储存环已有足够多的能量实现这项发现，却没有人注意到这一点。

只有两个人在看，他们是布鲁克海文国家实验室的丁肇中和斯坦福直线加速器中心的伯顿·里克特。他们两人都发现了一种新的介子存在的证据，这种新介子比以往发现的任何介子都要重得多，并且是由一种新的夸克组成的。为了配合"奇异"这个标签的古怪感觉，这个新的夸克被称为"粲"。丁肇中称他的发现

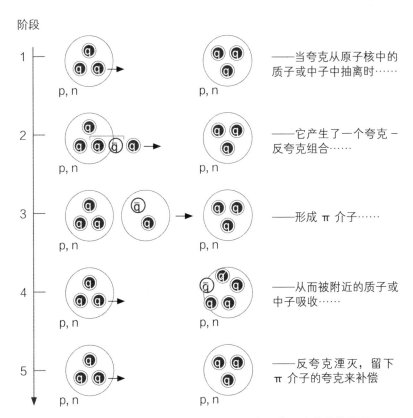

图 8-1　π 介子如何介导质子和中子之间强相互作用力的简化原理图
资料来源：欧洲核子研究中心 / 丹尼尔·多明格斯。

为 J 粒子，里克特发现的为 Psi（ψ）粒子，为了给这两个发现团队以荣誉，这个新的介子从此被称为 J/ψ 粒子。自 20 世纪 60 年代上半叶以来，人们一直在猜测第四种夸克，但这一预测最早出现在谢尔顿·格拉肖、约翰·李尔普奥罗斯和卢西亚诺·马伊阿尼在 1970 年的一篇论文中，他们描述了一种机制，能够解释观察到的弱相互作用力的特征，并确定存在第四种夸克。这种新的夸克的发现增加了夸克模型的分量，再加上重正化，使 20 世纪 60 年代的理论发展更加引人注目。

在欧洲核子研究中心，实验员们为错过了新粒子的发现而沮丧，这种感觉三年后又再次出现，当时另一个重要发现从欧洲实验室的手指间滑落，因为 1977 年费米国家加速器实验室宣布他们发现了另一个新的重子（见第 5 章）。事后看来，欧洲核子研究中心不需要担心交叉储存环对后世的影响。虽然在物理学领域，人们记住交叉储存环更多的是它没有发现什么，而不是它做过什么，但在加速器的发展历史中，交叉储存环永远地改变了这个领域。如果没有交叉储存环，欧洲核子研究中心是否会采取大胆的举措将超级质子同步加速器改装成对撞机，这是值得怀疑的——因为这一举动后来令该实验室于 1984 年获得了第一个诺贝尔物理学奖。

寻找粒子

随着标准模型的建立，实验人员现在就肩负起跟踪模型预测的责任。当然，还有希格斯粒子。再加上弱相互作用力的中性载体粒子——Z 粒子的存在，已经被电弱统一理论预测过。另一对夸克很快就会加入粒子物理学家希望的列表中 Z 粒子队伍中去。

对新的夸克粒子组合的预测，是从一位意大利物理学家和两位日本物理学家的研究中发展出来的。20 世纪 60 年代，尼古拉·卡比博提出了一种弱跃迁的简洁表示方法——弱相互作用力可以将一个夸克转化为另一个夸克。他用一个 2×2 矩阵表示跃迁概率。这个方法使用起来效果不错，但没有解释电荷共轭宇称破坏（见第 3 章），这是在克罗宁和费奇提出的 K 介子衰变中观察到的。1973 年，小林诚和益川敏英两人发现，如果他们将卡比博提出的矩阵扩大到 3×3 矩阵，就可以解释电荷共轭宇称破坏了。然而，一个 3×3 的矩阵需要存在另一对更重的夸克组合，并通过关联另一个类似电子的粒子和另一个中微子。1974—1977 年，马丁·佩尔在斯坦福直线加速器中心领导的一系列实验，让这种额外的粒子存在的可能性确实变得更大，实验结果发现了 tau（陶子，τ 子），这是一种类似电子的粒子，其质量大约是电子的 3 500 倍。

新夸克中的第一个，即底夸克，是由利昂·莱德曼领导的团队于 1977 年在费米国家加速器实验室发现的，其形式是一种名为宇普西龙（upsilon，υ）的重子。费米国家加速器实验室还在 1995 年发现了顶夸克。它重达 172 GeV，与钨原子差不多。顶夸克是最重的基本粒子，直到 20 世纪 70 年代能量更高的机器出现之后，它才被发现。

为了表彰他们的研究，2008 年的诺贝尔物理学奖颁发给了小林诚、益川敏英和南部阳一郎，颁奖仪式上肯定了对称性破缺在物理学中的重要作用。"如今，自发对称性破缺是理解世界如此丰富多彩的关键概念，尽管基本规律中有许多对称性本应支配它，"南部阳一郎于 2008 年 12 月在芝加哥大学发表的演说中这样说道，"基本规律很简单，但这个世界并不乏味，也就是说，我认为这是一个理想的组合。"随着这些发现陆续出现，物质粒子家族已经发展到 12 个成员，其中有 6 个夸克，6 个轻子——电子、μ 子、τ 子和一直与它们相伴的中微子——但是标准模型的另一边，力的载体粒子呢？

巨人醒来了

1973 年，物理学家在筛选加尔加梅勒气泡室的数千张照片时，偶然发现了一张照片显示出了一些惊人的不寻常之处。加尔加梅勒在欧洲核子研究中心西部实验区的一台质子同步加速器上操作中微子束，当中微子与液靶相互作用时，中微子本身没有留下任何痕迹，但被它们逐出的带电粒子却留下了痕迹。这张照片显示的似乎是一个反中微子与靶上的一个电子相撞，并继续保持运动轨迹不变。电子似乎是凭空出现的，在液体中产生了电子和正电子的串联。唯一合理的解释似乎是，由于在相互作用中没有电荷转移，所以在入射的反中微子和电子之间有某种带中性电荷粒子的弱流或电流通过。它可能是电弱统一理论所预测的Z粒子吗？还有另一张图片显示了反中微子与液体中的原子核的相互作用，这也可以用Z粒子携带的中性弱电流来解释。加尔加梅勒的科学家们在一系列的会议报告中公布了这一消息，并于9月3日发表了他们的论文。对大多数人来说，这是对电弱统一理论的可靠实验证明，如果不是安德烈·拉加里格不幸于1975年1月逝世，他肯定会获得诺贝尔物理学奖。他是加尔加梅勒的主要负责人，他去世的时候也是费米国家加速器实验室的实验刚刚证实这一结果后不久。

虽然加尔加梅勒发现的这些弱中性电流是20世纪70年代欧洲核子研究中心在物理学领域取得的最大成就，并且这个发现也证实了电弱统一理论，并表明欧洲核子研究中心是有能力研究出世界级成果的，但接下来的20世纪80年代还会更进一步。20世纪60年代和70年代在加速器建造上的投资都会有所回报，因为从交叉储存环上获得的知识又被应用到它的前期竞争对手超级质子同步加速器的运作中。交叉储存环肯定会有所损失，因为必须要做出以下决定：是让交叉储存环继续运行，还是利用从交叉储存环身上获得的经验将超级质子同步加速器转换成质子–反质子对撞机，没有足够的资金来同时做这两件事，所以欧洲核子研究中心的管理层不得不做出一个艰难的选择，这已经不是最后一次了。

1978 年，欧洲核子研究中心委员会批准了这一项目，并开始了反质子积累器的研究，这一装置将在对撞机项目结束以后成为第二个热点，为欧洲核子研究中心提供一个独一无二的低能反物质工厂，并且极大地刺激人们的灵感，从科幻小说家到那些希望研究反物质用于治疗癌症潜力的人。随机冷却实际上是在积累反物质时产生的，而反物质并不像质子那样容易获得。反物质必须被制造出来，这是一个耗时的过程。在欧洲核子研究中心的反物质积累器中，随机冷却被用来在粒子束形成时保持它们有序不乱。

将超级质子同步加速器转换成质子–反质子对撞机的物理学依据也很充分，因为加尔加梅勒留下未完成的研究。虽然很少有人对基于加尔加梅勒研究结果而得到的电弱统一理论提出严重怀疑，但加尔加梅勒所看到的仍然是众所周知的确凿证据：Z 粒子本身以及它的带电伴生 W 粒子仍有待发现。

万亿电子伏加速器

20 世纪 70 年代末的一段时间里，大西洋两岸可能为了 W 粒子和 Z 粒子展开了一场竞赛，但后来费米国家加速器实验室的主任罗伯特·威尔逊的举动太过冒险了。1978 年 3 月，欧洲核子研究中心有七位专家，包括卡罗·鲁比亚和西蒙·范德梅尔在内，一起参加了在伯克利举行的一次研讨会，会议主题是制造高亮度、高能量的质子－反质子碰撞机。亮度是测量单位面积在单位时间内可能碰撞次数的一种度量单位。威尔逊在开幕词中说："我们在欧洲核子研究中心的同事们，我认为他们为我们工作，正在帮助我们解决这些问题，而我们却把费米国家加速器实验室的解决之法应用到令他们沮丧。"当然，他是在开玩笑：因为共享思想是粒子物理学研究的命脉，而欧洲人适时地展示了他们所了解的信息。如果有一场比赛，这将有利于这个领域的发展，有助于研究人员集中注意力，无论谁最后得奖，每个人都将从新知识中获益。

　　然而，对威尔逊来说，事情并不是那么简单。他很难找到资金来推进费米国家加速器实验室的质子－反质子项目，为了表示抗议，他提出了辞职。令他惊讶的是，辞职申请通过了。1978年，利昂·莱德曼接替他担任实验室主任。莱德曼一上任就立即审查了费米国家加速器实验室的方案，虽然没有放弃对撞机项目，但他决定优先考虑建设固定靶项目。接下来是建造一台能够产生万亿电子伏能量的加速器。这个决定为欧洲发现 W 粒子和 Z 粒子留下了广阔的空间。

　　1978 年，欧洲核子研究中心委员会批准了超级质子同步加速器向对撞机的转变，它的两项大型实验——由卡罗·鲁比亚领导的 UA1 和由皮埃尔·达里乌拉特领导的 UA2 实验——记录了它们在 1981 年以 900 GeV（即 0.9 TeV）的能量进行的首次碰撞。鲁比亚的实验在 1982 年确定了第一批 Z 粒子，其中，最早知道的人里有英国科学部长玛格丽特·撒切尔。那年早些时候，她曾访问过欧洲核子研究中心，并要求鲁比亚随时向她汇报情况。鲁比亚说到做到，在 1983 年成果论文发表以前，他就给撒切尔写过信。1984 年，鲁比亚和范德梅尔一起前往斯德哥尔摩。诺贝尔奖评审委员会以一种极为简洁的方式总结了他们的贡献："西蒙使之成为可能，卡罗令其成为现实。"在交叉储存环上获得的经验，特别是在随机冷却方面的经验，使欧洲核子研究中心有信心做出大胆的决定，也为该实验室获得首个诺贝尔物理学奖奠定了基础。

　　与此同时，转身看看美国的情况，万亿电子伏加速器正准备超越超级质子同步加速器，夺回高能领域的霸主之位。莱德曼的决定是对未来的决定，它为万亿电子伏加速器在粒子物理学上做出卓越贡献奠定了基础，并在该领域保持了四分之一世纪的领先地位。1985 年 10 月 13 日，对撞机探测器（CDF）记录了世界上第一次 1.6 TeV 的质子–反质子碰撞，第二年能量就提升到 1.8 TeV。1991 年，由于无力竞争，超级质子同步加速器结束了它作为对撞机的十年应用，回到了固定靶物理学领域，成为欧洲核子研究中心新的旗舰机器——大型正负电子对撞机——的注入器。就在几年以后，也就是1995年，费米国家加速器实验室才得以宣布万亿电子伏加速器的两个实验——CDF和D0——发现了顶夸克，这是标准模型费米子中的最后一个。

当时似乎正在形成一种模式。第一批基本粒子发现之后——1897年发现了电子，1936年发现了μ子，以及在宇宙射线中找到了可论证的奇夸克粒子——所有的费米子都是在美国发现的，而随着W粒子和Z粒子的发现，粒子似乎更青睐于欧洲。伴随着标准模型的实验探索竞赛愈演愈烈，这对欧洲实验室来说是不是一个好兆头呢？无论如何，到1995年，所有的标准模型粒子都已发现，只有一个例外——希格斯粒子，虽然它的发现将有助于理解基本粒子的质量机制，但它仍和以往一样难以捉摸。

9

希格斯粒子的竞赛

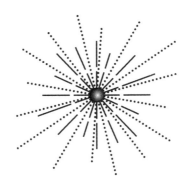

▶▶▶

随着 20 世纪 80 年代的推进，欧洲核子研究中心有了一个新的方向。到目前为止，欧洲核子研究中心所有的大型粒子加速器都能进行质子与固定靶相撞，与其他质子相撞，或反质子相撞的实验。但在 1983 年，大型正负电子对撞机（LEP）的土木建设工程开始了，这台巨大的机器在 1989—2000 年期间成了欧洲核子研究中心的旗舰机器，由它而建立的电弱统一理论是有史以来最为广泛测试的理论之一。到大型正负电子对撞机关闭时，电弱统一理论无疑是正确的，它建立在坚实的实验基础之上，就像牛顿的万有引力定律或曾一度被视为异端的哥白尼日心说。

大型正负电子对撞机是 1977 年开始计划建造的，当时物理学界正关注对电弱统一理论的彻底验证。大型正负电子对撞机，因其能将一道粒子束的能量增加到 100 GeV，从而产生大量的 W 粒子和 Z 粒子，很快就成为实验的首选机器，但并不是每个人都相信这一点。比如约翰·亚当斯就在 1979 年 7 月 20 日写给欧洲核子研究中心委员会的一份备忘录中表达了他的担忧。"一段时间以来，我一直在担心，"他写道，"压倒性的物理论据和对大型正负电子对撞机的支持，会妨碍我们客观地考虑在欧洲核子研究中心研发加速器装置的其他策略。"当时，超级质子同步加速器向对撞机的转换已经在进行中，而大型正负电子对撞机虽然尚未获得批准，但几乎可以肯定它会是欧洲核子研究中心的下一个前沿机器。亚当斯指出，费米国家加速器实验室在决定建造一台万亿电子伏加速器之后，坚持使用质子，而布鲁克海文国家实验室则计划建造一台 200 GeV 的质子-质子对撞机，取名为"伊莎贝尔"，但后来取消了。亚当斯的另一个策略包括建造一个体型更小、成本更低的大型正负电子对撞机，同时为超级质子同步加速器配备超导磁铁，使其可以与万亿电子伏加速器竞争。亚当斯在他的备忘录中承认，他不认为这个想法能得到很多支持，后来事实也证明了这一点。但他也提出了一个想法，就是 20 世纪 90 年代中期在大型正负电子对撞机的隧道中建造一台 10 TeV 的超导固定靶质子加速器。

考虑了可能遇到的各种情况，并克服了技术和政治上的障碍，大型正负电子对撞机终于设计好了。欧洲核子研究中心将为正负电子建造一台新的直线电子加速器和一个储能环，同时修改质子同步加速器和超级质子同步加速器以便处理正负电子以及质子和反质子，使这些机器能够成为世界上研究粒子功能的最强大设备。这为使用现有基础设施提供了一种经济有效的方式，同时又不会影响欧洲核子研究中心的其他项目。研究人员为质子同步加速器和超级质子同步加速器设计了短短几秒钟的超级循环周期，允许它们为质子、反质子、电子和正电子提供服务——后来还为一系列重离子提供服务——在欧洲核子研究中心，无论哪里需要它们，它们都具有时钟般的规律性。大型正负电子对撞机环本身的周长不到 27 千米，埋在地下约 100 米深处，并且根据日内瓦盆地的地质情况，其坡度为 1.4%。

在上一个冰河时代，海拔 1 700 米左右或者海拔高于日内瓦市的侏罗纪时期山脉几乎完全被冰雪覆盖，夹在数百万年前欧亚大陆板块和非洲板块碰撞时形成的山脉之间。因此，地质条件很具有挑战性：沉积岩稳定且基本上不渗透，是很好的隧道介质，但侏罗纪山脉下的多孔石灰岩又是另一种情况。大型正负电子对撞机的位置进行了适当的调整，使其位于从日内瓦湖向侏罗纪山脉上升的岩层中一个稳定的位置。结果为它找到一条平均深度约 100 米的隧道。这条隧道将 6 次穿越法国 - 瑞士边界，有 8 个通道，其中 4 个将下降到实验洞穴。最浅的地方将在地下 50 米左右，而最深处将在侏罗纪山脉下 175 米深处。

需要克服的政治障碍之一就是土地所有权。在瑞士，财产所有者能够拥有的土地不可以深入地底极深处；而在法国，如果你拥有一所房子，那么房子以下直到地心深处都属于屋主。这意味着在边境两边需要不同的授权程序，最终的结果是法国境内每一个在大型正负电子对撞机环上对应位置的土地业主都会得到象征性的报酬，因为要穿过他们的土地。后来，随着绿色能源开始发展，欧洲核子研究中心将面临另一个挑战，即大型正负电子对撞机环上的地热装置可能会有意外钻入隧道的风险。但这就是以后再考虑的问题了。

大型正负电子对撞机被设计成一个两级机器，首先是一个基于室温铜加速腔的、能量相对温和的加速系统，它可以提供 100 GeV 的碰撞能量；其次升级到超导腔系统，可以将能量提升到 200 GeV。在第一阶段，大型正负电子对撞机 I 的能量很容易就产生足够多的 Z 粒子，其质量刚好超过 91 GeV，而大型正负电子对撞机 II 会提供足够多的能量产生正极和负极的 W 粒子，这是电荷守恒定律要求的。W 粒子的质量刚好超过 80 GeV。当时，对标准模型的自由参数的测量还没有严格限制希格斯粒子的质量，因此，尽管实验可能有机会发现希格斯粒子，但对 W 粒子和 Z 粒子的精确测量是要优先保证的。

委员会批准通过大型正负电子对撞机

随着 1981 年 6 月欧洲核子研究中心委员会会议的临近，研究中心的管理层暗地里很有信心，他们的大型正负电子对撞机计划将获得批准，但他们必须等待。欧洲核子研究中心的所有 12 个成员国都投了赞成票，但有 3 个代表团尚未得到各自政府的授权，还不能投赞成票。由于欧洲核子研究中心的传统是等待所有人完全达成共识，因此批准被推迟到10月的特别会议上。

欧洲核子研究中心的实验室一直以质子为导向，建造一台正负电子对撞机的决定因素之一，就是要确保欧洲的旗舰装置能够成为美国同领域先进设备的补充，即使两者之间仍然存在竞争。粒子物理学的合作竞争精神依然旺盛。此时，欧洲核子研究中心已经有了新的总干事——赫维希·斯普库，他从1981年年初接替了约翰·亚当斯和利昂·范·霍夫，开始了他的五年任期。

大型正负电子对撞机的土木工程建设于1983年开始，9月13日，法国总统密特朗和瑞士总统奥贝尔出席了该工程的奠基仪式。当时，它是欧洲最大的土木工程项目，更是一项艰巨的，而且是在没有GPS系统帮助下完成的项目。该隧道是用一系列的黄色柱状测地点标注在郊外的建造地面上，所有这些点都用瞄准线连接起来。然后，这些测量数据再通过一系列的钻孔传入地底下，用以指导下方的大型隧道挖掘机器的工作。1988年2月8日，当挖掘隧道的数支队伍在侏罗纪山脉深处会合时，建造工作有了重大突破，大型正负电子对撞机的巨型环已经完成，精度达到了3毫米。

此时，准备在大型正负电子对撞机上研究物理学的实验合作已经有效建立起来了，由于隧道的各个部分一经完成就移交出去，所以探测器和加速器的安装也在进行中。欧洲核子研究中心的物理学研究规模正在迅速发展。从早期的仅有少数几个人进行实验，到 20 世纪 80 年代研究合作已经发展到数十人，而大型正负电子对撞机项目则包括数百人。大型正负电子对撞机项目合作中最小的一个，OPAL（基于实验和测试技术），就有大约 300 个名字出现在它的科学论文上；而规模最大的 DELPHI 项目（采用几乎全新的技术），就包含有大约 700 个名字在内。探测器一共有四个：ALEPH，是大型正负电子对撞机物理学仪器的首字母缩写；DELPHI，用于轻子、光子和强子识别的探测器；OPAL，是大型电子正子加速器；L3 这是由诺贝尔物理学奖得主丁肇中领导的唯一一个实验，该实验选择了欧洲核子研究中心指定的官方名称以外的名字。

　　大型正负电子对撞机的第一道粒子束到达得非常顺利，大多数大型粒子物理机器，从质子同步加速器到大型强子对撞机，都需要时间来完成它们的设计规范。毕竟，每一台机器都是独一无二的，都有自己的原型，在充分发挥它们的潜力以前，都有一条知识曲线需要克服。有了大型正负电子对撞机，知识曲线很快就能掌握。1989 年 7 月 14 日，当法国正在庆祝大革命 200 周年时，另一场革命也正在欧洲核子研究中心发生着，当时第一道 20 GeV 的粒子束已经在新的加速器周围循环起来了。这并不奇怪。尽管大型正负电子对撞机 I 的规模很大，但它也只是相对简单的机器，而为第一道粒子束的产生所做的准备工作非常细致：一年以前，研究人员就将粒子束注入机器，并让其部分绕环旋转，几乎没有遇到什么障碍，这使负责调试这台巨大机器的史蒂夫·梅耶斯遗憾地评论："大型正负电子对撞机对高能物理学来说，比起对加速器物理学将更有趣。"与欧洲核子研究中心早期的一些机器不同，大型正负电子对撞机已经成为物理学家的选择，而不是加速器制造者的选择。

从第一道粒子束产生到能量达 90 GeV 的碰撞只花了一个月的时间。那天是 1989 年 8 月 13 日，但傍晚时分的迹象并不乐观。一位满怀希望的物理学家给 OPAL（基于实验和测试技术）实验室的控制室打电话，结果得到的建议是："去睡吧，今晚什么都不会发生。"粒子束已经消失了，现在看来似乎在天亮之前不会再有新的情况。但是接下来，一切似乎又豁然开朗。时间到了 21：43，大型正负电子对撞机的操作员又开始积聚到粒子束。接下来 22：53，屏幕上闪现出"坡形"这个词，换句话说，粒子束正在加速。到了 23：00，"坡形"已经被"碰撞"所替代，在加速器环道周围四个等距点上，所有人的眼睛都盯着监视器的显示屏，时间仿佛在此刻凝固。然后到了 23：16，结果终于出现了。"这里有一个。"戴夫·查尔顿在 OPAL 实验室的控制室说，他在监视器上发现了 Z 粒子衰变的迹象。OPAL 实验室的物理学家兴高采烈地将这个消息传回大型正负电子对撞机控制中心，很快每个人都知道了大型正负电子对撞机的研究项目正在进行中。

香槟拿出来了，准备庆祝，不久，探测器 ALEPH 和 L3 有了第一次碰撞的报告。所有探测器中，推理性最强的 DELPHI 依然什么都没发现。随着时间一分一秒地流逝，DELPHI 的结果显示屏上仍然没有任何结果。"大约 24 小时内我们什么都没发现，"DELPHI 的物理学家蒂齐亚诺·坎波雷西回忆到，"控制室里一片恐慌，我们不得不在地板上拉起警戒线，只有必须要操作探测器的情况下，才能越过警戒线。"最终，结果出现了：DELPHI 探测器发现了第一个 Z 粒子。这毕竟是一个微不足道的问题：在 DELPHI 探测器上，粒子束并没有完全排列好进行碰撞，而探测器之前一直工作状态良好。大型正负电子对撞机的时代已经来临。

这是一个胜利的开始，但是大型正负电子对撞机并不孤单。1980 年，伯顿·里克特在欧洲核子研究中心做完学术访问后返回斯坦福直线加速器中心，并说服实验室着手实施一年前就一直在考虑的一个好主意，里彻曾和丁肇中一起因发现 J/ψ 粒子而获得 1976 年的诺贝尔物理学奖。通过同时加速两英里长的斯坦福直线加速器上的电子和正电子，并使粒子束绕弧碰撞，斯坦福直线加速器中心拥有的可能是能够与大型正负电子对撞机匹敌的机器，至少在 Z 粒子研究方面是这样——直线加速器没有能量来产生 W 粒子组合。斯坦福直线加速器于 1989 年 4 月投入使用，这个极有意义的开始领先了大型正负电子对撞机一大步，但其关注度要小得多。然而，当研究人员在大型正负电子对撞机上第一次看到碰撞发生时，斯坦福直线加速器中心已经在数次会议上展示其基于 233 次 Z 粒子衰变样本的物理研究结果了。

对大型正负电子对撞机和斯坦福直线加速器来说，第一大问题就是存在的粒子有几代。正如沃尔夫冈·泡利在 1930 年所预测的那样，宇宙中所有可见物质都是由第一代粒子所构成，包括上夸克、下夸克和电子，以及伴随电子的 β 衰变中产生的中微子这几种粒子。而在宇宙射线中看到的奇怪现象则已经由第二代粒子所解释，第二代粒子包括奇夸克、粲夸克、μ 子和 μ- 中微子。最后，第三代粒子——包括底夸克和 τ 子——也都已被发现。未来是否还会有更多代粒子被发现呢？对 Z 粒子所谓的线性形状的研究给出了答案，假设任何尚未被发现的中微子质量足够轻的话，是可以由 Z 粒子衰变而产生的。

大型正负电子对撞机和斯坦福直线加速器两个实验检测正负电子碰撞中产生的 Z 粒子的方法，是通过计算碰撞率作为粒子束能量的函数而进行的。当碰撞能量接近 Z 粒子的质量时，这一碰撞率将超过连续本底，标志着 Z 粒子产生的开始。这些碰撞是通过观察 Z 粒子衰变为电子、μ子或夸克等各种粒子来检测的。当碰撞能量达到 Z 粒子的质量时，碰撞率会达到峰值，超过 Z 粒子的质量时又会减小。相互作用速率与能量之间的关系可以用图形来表示，称为 Z 线形，它对 Z 粒子衰变产生的粒子的数量和形状十分敏感。这其中包括中微子，它们在未被发现的情况下从探测器中逃离出来。

物理学家可以模拟任意数量的粒子各代的线性形状，在模型中，假设每一代粒子的中微子都很轻，那么 Z 粒子就有足够大的质量衰变成它们。根据探测器中不可见的中微子的类型数量，这就产生了不同的预测。通过将观察到的线性形状叠加在那些预期的第二、第三或第四代粒子上，运行大型正负电子对撞机和斯坦福直线加速器的物理学家们就可以看出哪一个是最适合的。到了 1989 年 8 月，基于 233 次实验的采样，斯坦福直线加速器中心的物理学家已经能够得出结论：粒子的代数上限为 4.4。

与此同时，在大型正负电子对撞机上检测到的第一批 Z 粒子已经达到每天数千条记录，而大型正负电子对撞机上的实验也进入白热化阶段。欧洲核子研究中心定于 10 月公布大型正负电子对撞机上的首批实验结果，而斯坦福直线加速器中心在 9 月于马德里举行的欧洲物理学会的会议上提交了一份最新结果，声称

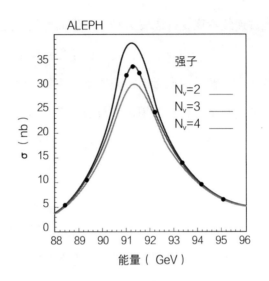

图 9-1　通过 ALEPH 探测器实验测量的 Z 线性形状

数据点与三种中微子的曲线相匹配，表明存在三代基本粒子。

资料来源：欧洲核子研究中心。

根据斯坦福直线加速器提供的数据，存在第四代粒子的可能性仅为 5%。似乎毫无疑问不久以后就会有证实的结果出来。1989 年 10 月 13 日，欧洲核子研究中心发布了一份新闻稿，标题很不起眼——"大型正负电子对撞机的首批物理学研究结果"，其中包含了这样一条信息，"自然界中除了与电子、μ 子和 τ 子有关的三种中微子之外，没有其他类型的中微子了"。为何会这样，仍然是一个悬而未决的问题。

欧洲核子研究中心的新闻稿接着说，"直到大型正负电子对撞机的这些实验结果出来之前，还没有在实验室中确定中微子的类型数量"，这是以防有人提出质疑。斯坦福直线加速器研究小组可能已经抢在了大型正负电子对撞机的前面，但欧洲核子研究中心的结果毫无疑问是第一个出来的，欧洲的实验室决心要大干一场。在接下来的几年里，大型正负电子对撞机将会在大数据领域占据主导地位，但斯坦福直线加速器在其中一个方面抢占了优势：在直线对撞机中更容易极化粒子束，这让人们可以接触到任何数据都无法带来的物理知识。直到 1998 年斯坦福直线加速器关闭以前，这两台机器一直处于长期的友好竞争状态中。

随着时间的推移，不久以后，大型正负电子对撞机上能够发现的所有关于 Z 粒子的信息都已被找到，但依然没有难以捉摸的希格斯粒子的踪迹。尽管有史蒂夫·梅耶斯的预测，加速器物理学家们已经从他们的巨型机器的操作中学到了很多东西。随着测量越来越精确，实验需要知道粒子束能量达到百万分之二十的水平，但有一种奇怪的影响，会导致能量测量变化高达 120 ppm。研究人员都专注在机器本身之上，直到斯坦福直线加速器中心有人提出，月球可能是罪魁祸首。"我们曾以为是我们的硬件出了问题而导致的这些波动——可能是电源故障，或者别的什么原因，"欧洲核子研究中心的林恩·埃文斯在 1992 年接受《纽约时报》采访时表示，"但在加利福尼亚州斯坦福直线加速器中心的格哈德·E.费希尔博士提出月球潮汐效应可能才是问题所在之后，我们进行了实验，证实了他的观点是正确的。"月球不仅会导致海平面上升和下降，还会引起地球的潮汐，这就会导致大型正负电子对撞机环的大小发生改变，这就是造成问题的原因。后来人们发现，在校正这台巨大但异常灵敏的仪器时，还必须考虑到强降雨情况和日内瓦湖的水位变化。

另一个令人困惑的问题出现在1995年，当时有一个周期性的扰动引起了几兆电子伏粒子束能量的变化。但是，尽管实验人员很努力，还是无法找到造成这种情况的原因，直到有人看到火车时刻表，发现就在巴黎－日内瓦之间的高速列车TGV离开日内瓦前往巴黎的时候，情况似乎就在此刻出的问题。这条铁路非常接近欧洲核子研究中心，人们意识到铁轨上会有一些电流泄漏出来，通过地表又回到其源头，特别是通过任何可以导电的物体，如金属管道或最先进的粒子加速器。因此，在大型正负电子对撞机的校正中很快采取了适当的措施。

一种新的期待感

到1995年，4个大型正负电子对撞机实验已经记录了大约1 700万个Z粒子的衰变，是时候升级了。超导加速腔中增强了铜加速腔，大型正负电子对撞机的碰撞能量也随之提高。人们产生了一种期待，因为这是欧洲核子研究中心自成立以来能达到的最高能量——也许希格斯粒子已经触手可及了。第二年，当 W 粒子对开始流动时，万亿电子伏加速器结束了它的第一次对撞机运行，费米国家加速器实验室又雄心勃勃地开始了对第二次运行的升级。虽然这会略微增加能量，但它的重点是大幅度提高其亮度，这会增加它对希格斯粒子产生的罕见过程的敏感性。然而，就欧洲核子研究中心而言，直到 2001 年万亿电子伏加速器开始第二次运行之前，它一直保持着这个领域的开放性。

从 1995 年到 1999 年，大型正负电子对撞机实验记录了数据，努力寻找希格斯粒子的踪迹，以完善标准模型，或者寻找理论中的缝隙，能为标准模型之外的新物理学指明道路。这个时候，标准模型已经有了非常坚实的基础，但它也被认为是有局限的。所有这些必须手工测量和添加的自由参数，在物理学家的眼中，意味着这个理论缺乏某种简洁性——在一个完美的理论中，所有结果都来自方程式，而没有一样是需要用手添加的。万有引力理论有待具体化，并且还有一个问题，即宇宙的暗物质是通过对普通可见物质的影响而存在的，但它从未被直接观测到。这可不是小事。当时，人们认为暗物质约占宇宙的四分之三，而包括我们在内的所有可见物质只占 25%。事情会变得更糟。

当科学家在与粒子物理学家截然相反的距离尺度下观测宇宙

最遥远的地方时，他们得出了一个惊人的结论：不仅所有物体都在相互远离，而且这个过程还在以某种方式加速。宇宙中一定有某种能量在推动它的膨胀。这种能量被迅速命名为暗能量，从爱因斯坦的著名方程式 $E=mc^2$，我们知道能量和质量是同一种事物的不同表现形式，可以计算出暗能量占宇宙中物质的 70%，暗物质占 25% 左右，而所有可见物质只剩下 5% 左右。在这些可见的物质中，大部分是气体，只剩下大约 0.5% 的空间留给所有星系和行星，以及像我们这样的生命体。原来，普通的物质根本就不那么普通，它实际上是非常特殊的存在。

出现了一次撞击

在大型正负电子对撞机退休以前，还有一个最后的变数。到 1999 年年底，希格斯粒子的质量范围受到新的测量方法的限制，尤其是费米国家加速器实验室测量的顶夸克质量，而希格斯粒子最有可能的质量范围已经被探索了出来。这意味着注入粒子碰撞中的每十亿电子伏能量都可能是从真空中摇晃出希格斯粒子所需要的能量。1999 年，大型正负电子对撞机超出了其设计能量极限，产生出高达 204 GeV 的碰撞能量。

到了 2000 年，随着大型正负电子对撞机开始进入它预定运行的最后一年时，研究人员竭尽全力将它推到最高能量值。已经没有什么遗憾了：大型正负电子对撞机的主要任务已经完成，欧洲核子研究中心的每个人都敏锐地意识到万亿电子伏加速器将会在第二年运行第二个阶段。一些被移除的铜腔被挤回环内，以提供更大的推动力，将加速器的碰撞能量推至 209 GeV。

大型正负电子对撞机计划在 9 月底彻底关闭。此时，大型强子对撞机的土木工程正在顺利进行中，而新的大型实验洞穴的挖掘工作已经让大型正负电子对撞机的操作人员头疼不已。从大型正负电子对撞机环的上方移除泥土意味着必须不断重新调整机器，很快，大型正负电子对撞机的操作就和大型强子对撞机的进展不一致了。接下来，到了 9 月 14 日，欧洲核子研究中心发布了一份新闻稿，标题是"大型正负电子对撞机的关闭时间推迟一个月"。

到了这个时候，大型正负电子对撞机的这四个实验已经熟练地结合了它们的数据，最大限度地提高了观察到罕见实验过程的概率，比如那些会显示希格斯粒子存在的过程。由于这一过程的罕见性，概率的变化意味着，虽然一个实验可能只看到一个信号，而其他实验什么也看不到，但是通过合并数据，这种统计上的波动是可以消除的。到新闻稿发布时，四个实验的综合数据显示，在 114 ~ 115 GeV 出现了一次碰撞，这可能意味着正在产生一个新的粒子。并不是所有的实验都发现了这一点，但在综合数据中它确实存在，而且实验人员非常重视这一点。这与 20 世纪 80 年代发现 Z 粒子的那次撞击颇为相似，但其统计意义微乎其微。这可能是希格斯粒子吗？只有更多的数据才能说明问题。

分析小组在接下来的一个月里忙得不可开交。在定期举行的会议上，四个实验都将各自的数据展示出来供之后的数据合并。例如，随着时间的推移，OPAL 探测器开始得出这样的结论：它的探测器什么都看不到，但关键的是，在合并后的数据中，信号仍然存在。这个信号虽然微弱，但并没有消失。随着越来越多的人呼吁要求以牺牲大型强子对撞机的进展为代价，将大型正负电子对撞机的运行时间延长一年，欧洲核子研究中心管理层面临着一个艰难的决定。他们可以让大型正负电子对撞机再运行一年，所冒的风险就是 114 ～ 115 GeV 范围内发现的信号仅仅是一个虚幻，要么推迟大型强子对撞机的进程，要么终止这个项目，让万亿电子伏加速器领先大型强子对撞机四年启动（大型强子对撞机的启动时间原定于 2005 年）。最终，他们决定终止该项目，2000 年 11 月 2 日上午 8 时，史蒂夫·梅耶斯极为戏剧性地宣布了大型正负电子对撞机时代的结束，留下了一个很大的悬念。

现在所有人的目光都集中在即将重新投入战斗的万亿电子伏加速器身上。整个 20 世纪 90 年代，大型正负电子对撞机和万亿电子伏加速器都对知识体系做出了重要贡献：大型正负电子对撞机证明了夸克的数量必须限制在 6 个以内，并为电弱统一理论打下了坚实的基础；1995 年，万亿电子伏加速器发现了最重的夸克，也就是顶夸克。尽管在标准模型中似乎偶尔会出现一丝可能的希望，但更多的数据最后证明它又是虚幻的。随着粒子物理学发现的第一个世纪的结束，大型正负电子对撞机完成了它的任务。虽然还没有发现希格斯粒子，但标准模型本身是站得住脚的。

10

超级对撞机!

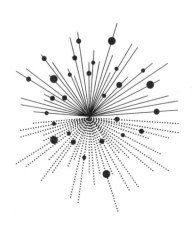

▶▶▶

　　早在 1982 年，随着欧洲即将发现 W 粒子和 Z 粒子，欧洲核子研究中心的大型正负电子对撞机也已完全获得批准，美国粒子物理学家聚集在科罗拉多州的斯诺马斯，讨论他们的下一步计划。科学家们一致认为，美国应该计划一次大胆的飞跃，夺回自己在高能物理领域的领先地位，而计划中的 Desertron，是即将建造在美国西南部广袤沙漠地带的一台大型机器。第二年，当世界上第一台超导加速器——费米国家加速器实验室的万亿电子伏加速器——成功投入运行时，科学家们的雄心更加坚定了：尽管 Desertron 体型巨大，但它仍需超导磁铁才能获得物理学家想要的碰撞能量。随着时间的推移，Desertron 被称为超导超级对撞机（SSC）。一台质子对撞机的碰撞能量可能会达到 40 TeV，周长为 87 千米。1987 年，超导超级对撞机获得了里根政府的批准，选址在得克萨斯州的沃克西哈奇，就在达拉斯－沃斯堡以南。当时，美国粒子物理学的发展达到了顶峰，但这只是短暂的。

　　与此同时，在大型正负电子对撞机的准备工作中，欧洲的中期前景也一片光明。然而，已经很清楚的是，无论大型正负电子对撞机之后是哪种设备，都无法与超导超级对撞机在能量上相匹配。正如约翰·亚当斯在 20 世纪 70 年代开始讨论大型正负电子对撞机时所希望的那样，大型正负电子对撞机隧道是为了容纳质子对撞机而建造的，而质子对撞机上方的质子机器的草图也有了。不管大型正负电子对撞机之后是哪种机器，它的周长都会达到 27 千米。这将限制它的能量远低于超导超级对撞机的 40 TeV，因为即使是人们所能想象的最强大的磁铁，也不可能在这样大的轨道上容纳如此强能量的粒子束。

1984 年 3 月的一次研讨会上敲定了欧洲计划，研究了对质子 – 质子对撞机或质子 – 反质子对撞机在 10 ～ 20 TeV 能量范围内的选择。正是在会上出现的一项计划，使规模小得多的欧洲对撞机在某些领域也能与美国的庞然大物形成竞争。在高能物理学中，不仅仅是能量决定了机器的发现潜力，还有亮度：碰撞次数越多，对罕见现象就越敏感。质子机器尤其如此，因为在质子内部的夸克与胶子之间发生的正面碰撞才会有意思。这些粒子共享质子的全部能量，因此，尽管夸克和胶子只携带了总能量的一小部分，但有时候质子的大部分能量会集中在单个夸克或胶子上。在质子机器中，最大限度地提高亮度会带来双重好处：增加对罕见现象的敏感性，以及提高有效的能量范围。当然，如果一个粒子的质量超过了机器的能量，那么任何亮度都无法弥补，但是大型正负电子对撞机隧道中的高亮度强子机器可能比 14 ～ 40 TeV 的能量差更具有竞争力。挑战有两方面：一是建造一台能够提供比以往更高亮度的加速器；二是建造能够处理这种亮度的探测器。在大型正负电子对撞机隧道中，高亮度大型强子对撞机很可能在每道粒子束的交叉点产生多次碰撞，但当时的探测器技术很难记录下那么多次碰撞。

高亮度指的是质子–质子对撞机，而不是质子–反质子对撞机，因为它比反质子更容易积累大量的质子，而反质子必须先制造出来并储存，然后才能被加速和发生碰撞。另一方面，质子–质子对撞机需要两套磁铁才能使反向旋转的粒子束在环上向相反的方向弯曲。因此，科学家们需要精心研究对同一结构上有两个线圈的新型二合一磁铁的设计。

在阐述物理学实验案例时，整个过程却相当富有诗意：到研讨会结束时，会议组织者得出这样的结论："目前，有一个理论上的共识，曾经备受关注的沙漠实际上也会开花，但到底开的什么花，还没有一致的答案。"虽然曾经有人担心，会出现一个极大的能量范围超出我们已经探索到的部分，而这个部分中不会出现新的物理学知识，换句话说，就是物理学的沙漠，而现在出现了太多关于在能量范围 10 ~ 20 TeV 内能有什么发现的想法。关于质量的来源，是人们最想知道的答案，但对于这样一台机器，还有更多的问题有待解决。标准模型之外是什么？费米子的三大家族的成因是什么？以及在自然界中如此重要的对称性破缺的物理基础又是什么？物理学的实验案例听上去扣人心弦，但研究小组的主要结论仍是，在开发高场磁体技术和能够控制高亮度探测器技术方面，我们还有许多工作要做，更不用说存储和分析数据所需的计算资源了。大型强子对撞机的计算可能是独一无二的，因为它假定摩尔定律在未来几十年仍将适用，摩尔定律涉及计算能力的定期翻倍。

加速器和探测器的原型设计很快就开始了。1992 年在法国依云小镇的一次研讨会上，物理学家提出了 12 种极有兴趣的想法，并迅速整合为四个大型实验合作项目。ATALS（它的名字出自"环形大型强子对撞机"这几词的缩写）和 CMS（紧凑型 μ 子螺线管）将成为对大型强子对撞机上可能出现的任何物理现象都敏感的通用探测器。大型强子对撞机（LHCb）将专注于研究底夸克的物理学现象，而大型离子对撞机实验（ALICE）则会集中在重离子的碰撞研究上，为的是理解夸克和胶子的粒子汤（我们称之为夸克–胶子等离子体，即 QGP，被科学家认为存在于宇宙诞生之时）。

在依云小镇，似乎新一轮的合作竞争正在大西洋两岸形成，但随后灾难降临。1993 年 10 月 21 日，美国国会取消了超导超级对撞机项目，改为资助国际空间站。但超导超级对撞机已经花费了大约 20 亿美元，开凿了几千米的隧道，而成本估计仍会不断上升，同时吸引外国投资的努力又化为泡影。美国粒子物理学界极度震惊，而全球粒子物理学也正处于危险的边缘：大型强子对撞机尚未得到欧洲核子研究中心所有成员国的批准。1993年年底，直到费米国家加速器实验室的万亿电子伏加速器和欧洲核子研究中心的大型正负电子对撞机这两个研究项目走上正轨，粒子物理学的未来才有了保证。

大型强子对撞机获得批准的任务落到了克里斯·卢埃林－史密斯的肩上，他于1994年接替卡罗·鲁比亚，担任了欧洲核子研究中心的总干事。卢埃林－史密斯接下来任命威尔士人林恩·埃文斯为大型强子对撞机项目的负责人，事实证明这是一个成功的组合。众所周知，埃文斯对粒子加速器了如指掌，而且不惧怕做出艰难的决定，因此他赢得了团队的尊重。作为一名理论物理学家，卢埃林－史密斯在1984年的大型强子对撞机研讨会上发表了关于大型强子对撞机物理学潜力的主题演讲，赢得了物理学界的信任。他也是一位完美的外交家，用他同事的话来说，大门似乎已为他打开。

在卢埃林－史密斯上任的第一年年底，他已经准备好向欧洲核子研究中心委员会提出建设大型强子对撞机的申请。虽然磁铁技术还处于原型阶段，但它们的研究程度已经可以进行成本估算，而卢埃林－史密斯已有锦囊妙计来应对委员会的犹豫：他会提供分两步走的方法，先只用偶极子的三分之二去启动机器，从而降低能量的消耗。从长远来看，这会增加成本，但可以在更长的时间内分散投资，而不会增加欧洲核子研究中心的年度预算。委员会同意了，这令卢埃林－史密斯欣喜若狂。"今天的决定是高能物理学和欧洲核子研究中心未来的重要一步，"他说。"委员会的决定代表了对高能物理学研究未来 20 年的一个承诺……我们欢迎各国朋友来参与大型强子对撞机项目，不仅是资金上的参与，更重要的是大家聪明才智的参与。"最后一句话至关重要：委员会已经同意在 1997 年年底前重新审议这一决定，如果卢埃林－史密斯能够保证从成员国以外获得足够多的资金支持，或许还会批准将大型强子对撞机当成一个单独阶段的项目投入运行。各种迹象都表示事态发展良好。约翰·奥法伦代表美国能源部对欧洲核子研究中心委员会的决定表示祝贺，并邀请欧洲核子研究中心的总干事及其谈判团队前往华盛顿，商讨美国参与该项目的细节。日本驻日内瓦代表团的一名代表说，日本也将研究与欧洲核子研究中心合作建造大型强子对撞机项目的可能性。

美国的复兴

没过多久，美国粒子物理学界就重新振作起来。他们仍然拥有万亿电子伏加速器，并且随着超导超级对撞机的让位，许多科学家已经加入了大型强子对撞机的合作研究，随之带来了宝贵的经验和专业知识。卢埃林-史密斯和他的谈判团队正式接受了奥法伦的邀请来到华盛顿，带着美国答应将为大型强子对撞机项目及其实验投入 5.3 亿美元的承诺返回欧洲。1995 年，日本承诺提供 50 亿日元（按当时的汇率约合 5 400 万美元），加拿大、印度和俄罗斯也提供了资金。在 1996 年 12 月的会议上，尽管预算非常紧张，欧洲核子研究中心委员会还是批准了将大型强子对撞机当成一个单独阶段的项目投入运行。在同一次会议上，日本还承诺再追加 38.5 亿日元（约合 3 500 万美元）的资金。美国和日本继续合作建造大型强子对撞机最后的聚集磁铁，加拿大提供了四级磁铁，印度提供了多极磁铁，而俄罗斯建造了传输线磁铁，可以将粒子束从超级质子同步加速器引导到大型强子对撞机上。大型强子对撞机的启动日期定在 2005 年，也就是万亿电子伏加速器第二轮运行开始的四年之后。

对卢埃林-史密斯来说，这就是他完成的使命。他的谈判技巧无疑是一个因素，但也要归功于早在 20 世纪 50 年代就起草了《公约》的前辈们。他们为研究项目提供了一个稳定的平台，这比研究中心成员国的政治周期要长得多。到 1996 年大型强子对撞机获得批准时，所谓的欧洲核子研究中心模式已经成功地应用于其他几个欧洲组织，研究对象涉及从生命科学到天文学等多个领域。在欧洲核子研究中心的自助餐厅里，甚至有人讨论过在中东建立一个类似的研究中心，这促成了 1995 年在西奈举行的阿拉伯-以色列会议。这一会议最终成就了约旦的 SESAME 实验室，其成员国包括塞浦路斯、埃及、伊朗、以色列、约旦、巴勒斯坦、巴基斯坦和土耳其。SESAME 实验室于 2017 年 5 月正式落成。

欧洲核子研究中心模式是一种非常简单但强有力的国际合作模式，它使许多国家都有信心投资于大型强子对撞机项目：经验表明，当欧洲核子研究中心委员会为之打开绿灯时，就能极好地保证这个项目让人一眼看到光明的未来。

考验和磨难

随着大型强子对撞机获得批准，全球合作为其建造粒子探测器以及万亿电子伏加速器的第二轮运行做准备，世纪之交的粒子物理学研究前景一片光明。在 2000 年大型正负电子对撞机关闭后，欧洲核子研究中心的注意力几乎完全转向了大型强子对撞机项目，但是前面的路并不平坦。这个问题在 2001 年开始出现。

当时，大型强子对撞机的真正成本已经揭晓。之前的原型设计已经结束，而工业生产正在进行中。欧洲核子研究中心管理层的报告指出，加速器和实验区的最终费用约为 30 亿瑞士法郎，比 1994 年提交给研究中心的估计值高出约 18%。对于像大型强子对撞机这种规模和复杂性的项目来说，这已经相当不错了——在历史上，从悉尼歌剧院到苏格兰议会大厦等许多建筑项目，最后的造价都是最初估计的好几倍。但是关于超导超级对撞机项目成本超支的记忆，欧洲核子研究中心委员会却并不这么认为。当总干事卢西亚诺·马伊阿尼宣布设立外部审查委员会时，他受到了大家的欢迎，这一设置能够加强研究中心的财务程序管理。欧洲核子研究中心也达成了协议，允许用借款弥补资金缺口，这样成员国就不必增加捐款。2005年，关闭超级质子同步加速器系统也节省了资金。一切似乎又回到了正轨，大型强子对撞机的启动计划定在了2007年。

大型强子对撞机的土木工程带来了一些挑战，但很快就被克服了。在进行紧凑型 μ 子螺线管实验的新洞穴里，1998年发现了一座公元4世纪的高卢罗马别墅的遗迹，在发掘其秘密的同时，该遗迹不得不移交给考古学家。土木工程师约翰·奥斯本说："我们有大型推土机，而他们有考古刷。看到挖掘过程如此不同是非常有趣的。"现场还发现了伦敦和罗马硬币，这让林恩·埃文斯开玩笑说："这证明，至少在公元4世纪，英国也是使用单一欧洲货币的一员。"当工作重新开始时，研究人员必须开发新的技术来建造在如此困难的地形上建大型强子对撞机所需的大型洞穴。

紧凑型 μ 子螺线管实验的挑战最大，60米的含水冰碛覆盖在稳定的沉积岩上，而岩洞上方的岩石形成了一个地下山谷，水会从那里流出。奥斯本说："通往实验洞穴的紧凑型 μ 子螺线管实验的竖井有点像浴缸里的放水孔。"在解决这一挑战的同时，这个实验合作在一个巨型大厅里建造了探测器。土木工程师想出的解决方案是在挖掘通往该实验地下区域的竖井时冻结冰碛。更复杂的是，这一实验需要两个洞穴，一个用于探测器，另一个用于探测器的维护，中间用一堵 7 米厚的墙隔开。为了做到这一点，必须在洞穴挖掘之前建造隔离墙。当一切准备就绪时，就用重型起重设备慢慢地、轻轻地将探测器一层一层地放入洞穴之中，这种重型起重设备通常是为海上打捞作业准备的。最大的一层岩石重达 2 000 吨。探测器以每小时 10 米的速度放入 100 米深的洞穴，垂直放下时两侧的间隙只有几厘米。

在紧凑型 μ 子螺线管项目的对面，靠近欧洲核子研究中心的梅林园区，就是 ATLAS 项目的洞穴，在那里又有不同的挑战等着研究人员。ATLAS 比 CMS 体型大得多，它所占的洞穴长 30 米，宽 53 米，高 35 米，是迄今为止日内瓦地区所发现的那种地形中用于建造的最大洞穴。为了制造出那样大的洞穴，就必须彻底改变自下而上建造的想法。先挖开顶部空间，然后用缆索从上面的走廊垂下，将由混凝土建造的屋顶悬挂起来。这为洞穴的其他部分提供了必要的稳定性，以便在建造墙壁和拉紧缆索之前，在洞穴下面可以挖掘，而屋顶就可以固定在墙壁上了。

2007 年 3 月发生了第一次技术上的挫折，当时费米国家加速器实验室制造的最终聚焦磁体之一未能通过例行测试。后来证明，这些磁体需要更牢固地固定在低温恒温器内。费米国家加速器实验室的工程师们想出的解决方案非常巧妙。他们不能简单地支撑起磁体的冷量，把它冷却到 −271℃，直接放进室温恒温器中以保持磁体一直是这个温度，因为这会导致大量热量的泄漏。相反，他们建造了一种长长的装置，其工作原理有点像减震器，将其安装在磁铁和低温恒温器之间狭窄的空间里，延长了磁铁上的锚点和低温恒温器壁上锚点之间的距离。整个过程像做梦一样，仅仅在那次挫折以后六个月，所有需要修改的磁铁都已准备好了。

天使、恶魔和黑洞

大约是在 2000 年的时候，尼尔·考尔德的书桌上放有一本书，上面题着这样几句话：“尼尔，希望你喜欢这本小说！记住，这是小说！！致以最好的祝福，丹·布朗。”尼尔是欧洲核子研究中心的新闻发言人，这本书名叫《天使与魔鬼》，丹·布朗这位作者当时还鲜为人知。读了几页之后，尼尔放弃了，把它转给他团队里一位年轻的队员阅读。这个故事讲的是，有人从欧洲核子研究中心偷走了一罐反物质准备炸毁梵蒂冈。正如作者在他的题字中所强调的那样，这在很大程度上是一部虚构的作品。结果，这本书当时并没有引起什么巨大反响，但它在后来声名鹊起。

2003 年，一本明显更为科学严谨的书出现在市面上。这本书是《我们最后的一个世纪》，由英国皇家天体物理学家马丁·里斯撰写，它探讨了从小行星撞击到核灾难等一系列人类面临的生存威胁。这本书还研究了"帕斯卡赌注"这个哲学论点，并将其用于大型强子对撞机的研究。"帕斯卡赌注"完全是在赌一件你认为极不可能的事情：在它最初的表述中，提到了上帝的存在。帕斯卡认为，任何理性的人都应该相信上帝，因为即使你认为正确的可能性微乎其微，但错误的后果却是非常可怕的。

在这本书出版的时候，互联网上充斥着这样一种观点，即大型强子对撞机的高能质子－质子碰撞实验可能会以某种方式产生一个小小的风险，就是创造出一个吞噬地球的黑洞，甚至更糟的情况，而这正是里斯正在研究的不可思议的案例。他的结论是大型强子对撞机是安全的，但这并没有阻止网上的阴谋论者。不久之后，英国广播公司制作了一部名为《末日》的类戏剧纪录片，与里斯在书中描述的场景有着惊人的相似之处。这个故事演绎了5 个不同的版本，某一天，一位美国科学家在伦敦醒来，试图到美国打开一台粒子加速器。每一次，他都会遇到这样那样的灾难而失败，直到最后他到达加速器那里，又遭遇了反抗者的阻挠，最后终于打开了加速器。随着世界末日的来临，我们看到的最后一幕就是，物理学家弗兰克·克洛斯突然出现在屏幕上说："这是一部伟大的科幻小说，我们可以睡个安稳觉了。"

与此同时，丹·布朗还没有放弃，当他的《达·芬奇密码》成为畅销书时，欧洲核子研究中心认定他的小说《天使与魔鬼》以及对黑洞的想象，为公众提供了一个前所未有的机会去关注粒子物理学。当《天使与魔鬼》开始从书架上销往四面八方时，书中虚构的航天飞机是以每小时约 11 000 英里（约 1.7 万千米）的速度在飞行，这个细节被放在了欧洲核子研究中心网站的首页和中心位置，这让所有人都好奇地想知道欧洲核子研究中心对这部小说的看法。那些点击进去观看的人发现，欧洲核子研究中心发现了反物质的事实，实验室指出，这比小说中虚构的情节要有趣得多。人们也可以了解，是的，欧洲核子研究中心确实是在制造反物质，但是实验室需要 2.5 亿年才能制造出书中所提到的被偷窃的反物质的量。不，欧洲核子研究中心并没有航天飞机。是的，大型强子对撞机的准入控制系统采用的是生物识别技术，但你不可能去谋杀一位物理学家来获得他的眼球以进入实验室，因为只有活人的眼睛才有效。欧洲核子研究中心的网站浏览量一夜之间增长了一个数量级。

天使、魔鬼和黑洞这几个词令欧洲核子研究中心的名字在全世界家喻户晓，但这些耸人听闻的联想背后的现实是什么呢？对物理学家来说，如果大型强子对撞机创造出一种被称为微观黑洞的物质，那将是一项科学突破，与之相比，希格斯粒子的发现就相形见绌了。有人提出一个观点来解释为什么万有引力与自然界的其他力量相比是如此之弱，也许万有引力作用于三维以外的空间，但是其他维度在极小的距离范围内是弯曲的。这样的结果是，在我们熟悉的三维空间中，我们只能看到一小部分万有引力，而其余的则被困在不可见的其他维度中。如果大型强子对撞机碰撞产生的巨大能量足以将粒子推到近得可以突破弯曲的其他维度的话，那么万有引力可能会和其他力一样强大，从而产生所谓的微观黑洞。这将会成为在融合广义相对论和量子力学的道路上迈出的一步，这也是21世纪物理学圣杯的秘密所在。计算表明，这些与宇宙黑洞几乎没有共同之处的天体会迅速衰变，在大型强子对撞机的粒子探测器上留下非常独特的信号。大多数物理学家都认为大型强子对撞机产生微观黑洞的可能性微乎其微，但许多人仍希望它能成功。

　　然而，并不需要理论论据来决定"帕斯卡赌注"中的粒子加速器的变量。这可以通过观察来实现。地球不断受到来自太空中的宇宙射线的轰击，这些射线大多数由质子组成，其中许多射线的能量相当于或高于大型强子对撞机的能量。当射线到达地球时，它们与上层大气层中的质子或中子相撞，相当于宇宙在那个位置的大型强子对撞机。

宇宙射线遍布宇宙之中，几十年来我们一直在地球上观察它们。由于宇宙射线的碰撞是发生在大气层之外，所以从来没有意外情况发生，人类也从来没有观察到任何天体由于无法解释的原因而突然消失。正是这些观测结果为大型强子对撞机的安全性提供了保证。大型强子对撞机不会做自然之外的实验，它只是把自然发生的现象带进实验室进行研究。

一次大型修理

2008 年，欧洲核子研究中心做出了一个大胆的决定，做了一件以前没有一个实验室做过的事情。他们邀请了世界各地的媒体来见证他们的第一次循环粒子束实验。时间确定在 2008 年 9 月 10 日。那一天大约有 340 家新闻媒体参加并分享了启动这台全世界最大的机器的兴奋之情。BBC 广播第 4 频道在那里做了一整天的节目，由欧洲核子研究中心的新秀主持人布莱恩·考克斯担任主持。每个节目都以粒子物理学为主题，下午的节目是关于粒子加速器打开时空裂缝，允许吞噬中微子的外星人通过（此时，欧洲核子研究中心对实验室激发出科幻小说的灵感似乎表现得很轻松了）。

大型强子对撞机白天的运行是早上 7 点开始，此时媒体中心已经人满为患了，碰运气的记者们被安排到欧洲核子研究中心的主礼堂，在那里他们可以观看欧洲核子研究中心当天的网络直播。开始几次试运行有错后，9点30分粒子束已经准备好将粒子束注入大型强子对撞机中。一个小时过去了，粒子束绕环一步一步小心翼翼，终于填满了完整的一圈。所有人的目光都集中在那个小小的显示屏上，盯着大型强子对撞机的信号。当一束粒子通过大型强子对撞机内部的粒子束屏时，显示屏上出现了一个点。一个点表示粒子束已经注入；两个点表示粒子束已经走完了一个完整的轨道。林恩·埃文斯为此做了一个倒计时。显示屏上先是出现了一个圆点，经过一番漫长的等待后，第二个圆点出现了。大型强子对撞机的第一道粒子束完成了一次完整的循环。

主礼堂里响起了一片欢呼声，当早晨的紧张情绪渐渐平息下来时，大厅里每一个人眼里都含着泪水。在全世界的关注中，大型强子对撞机的时代已经到来。据估计，这一时刻的全世界电视观众超过10亿人，世界各地的头条新闻纷纷报道这一消息，一些人宣称"欧洲核子研究中心是新的NASA"，能够让全新的一代人参与科学研究。"又是在办公室的一天。"林恩·埃文斯离开时喜气洋洋地说。

但这种喜悦是短暂的。第一道粒子束顺利出现之后的一周，遇上了大雷雨，导致电力中断。虽然在捕捉粒子束并令其循环多次的实验方面取得了一些进展，但随后灾难袭来。9月20日，欧洲核子研究中心发表了一份声明，称9月19日（周五）中午发生了一起事故，导致大量氦气泄漏进入隧道，一旦确定进一步细节，将尽快向公众公布。当所有细节披露后，显然大型强子对撞机将会关闭很长一段时间。磁铁之间的电气连接错误导致了超导电缆熔化，由此产生的电弧在输送冷却后的液态氦的管道上打了一个洞，进而液氦蒸发，导致压力积聚，沿着含有磁铁的低温恒温器传播，造成好几处破坏。"大型强子对撞机第一次碰撞前的熔毁"，这是《自然》杂志对这一事件的看法。而《每日邮报》称："世界末日推迟了。"

现在需要做的不仅仅是修复损害，而且还要做出必要的改进，以确保不再发生这种情况。研究人员吸取了教训，并弄清楚了更多风险之间的相互联系，然后迅速展开下一步工作。林恩·埃文斯说："未来几个月里，我们还有很多工作要做，但我们现在有了必要的发展路线图、时间和能力，可以在夏天到来之前为物理学研究做好准备。"作为一种信心的表现，大型强子对撞机的正式启动仪式按计划在10月份举行。当年年底，罗伯特·埃马尔主任已经完成了他的任务，并把工作交接给了罗尔夫·霍耶尔，霍耶尔的首要任务是启动大型强子对撞机物理学项目。

2009年11月20日，粒子束又出现在大型强子对撞机上，并且这一次它一直保持停留的状态。3 天后，实验显示了有史以来记录到的能量最高的质子－质子碰撞的图像，欧洲核子研究中心到年底休息时信心十足，他们相信 2010 年物理学研究可以开始。此时，万亿电子伏加速器已经很好地进入了第二阶段的运行，正在为希格斯粒子的发现做最后的努力。到 2010 年 3 月 30 日，大型强子对撞机开始获取物理学数据的时候，希格斯粒子的质量范围已经缩小到 114 ～ 157 GeV，偶尔可以升到 180 GeV 左右。这些数据大部分都在万亿电子伏加速器上出现，万亿电子伏加速器和大型强子对撞机的竞赛正在进行中。

没过多久，人们就知道了现在大家熟知的结果。事实证明，万亿电子伏加速器没有找到希格斯粒子。2012 年 7 月 4 日，欧洲核子研究中心向一直期待着结果的全世界宣布，他们的实验中发现了希格斯粒子，并由此获得了诺贝尔物理学奖。

我们都要去斯德哥尔摩吗？

那天是 2013 年 10 月 8 日，是诺贝尔物理学奖宣布的日子，人们都看好对希格斯粒子的发现。最大的问题是，谁会得到这个奖？一个诺贝尔物理学奖最多由 3 个人共同分享，但这一理论的发展有 6 个人参与其中，尽管其中一人已经过世。而大型强子对撞机和用它所做的实验呢？唯一一个能够颁给一个组织而不是一人或多人的诺贝尔奖是诺贝尔和平奖，所以欧洲核子研究中心肯定是不可能获奖的。长期以来，科学界一直在猜测诺贝尔奖评审委员会何时会改变规则，以反映科学不断变化的本质。在设立奖项的时候，科学在很大程度上是一个独立的行业，但大型强子对撞机项目涉及数千人，不可能只挑选出 3 个人来得奖。到 20 世纪 80 年代，当卡罗·鲁比亚和西蒙·范德梅尔获得诺贝尔物理学奖的时候，情况已经发生了变化，尽管他们的成功背后有着数百人的努力，但诺贝尔奖评审委员会的判断还是得到了大家的承认，就是西蒙令这个发现成为可能，而卡罗让这个发现实现了。

欧洲核子研究中心里越来越多的人开始猜测，2013 年可能会是出现变化的一年，正如诺贝尔奖评审委员会 10 月 4 日在推特上发布的消息："诺贝尔和平奖可以由 3 个人 / 组织共享。比如 1994 年和 2011 年的诺贝尔和平奖，就是由 3 个人共享的。"他们是不是在暗示什么？加拿大物理学家波林·盖格诺当时正兴高采烈地准备着，如果欧洲核子研究中心获得了这个奖，那么她该说些什么。她会说，"直到今天，只有两位女性被授予过诺贝尔物理学奖，但如果欧洲核子研究中心这次得到了这个奖，那将会有数百位女性因此获得这个荣誉"。

按照以往的做法，2013 年诺贝尔物理学奖会通过网络直播宣布，诺贝尔奖的官方网站称，结果最早会于 11：45 公布。罗尔夫·霍耶尔正在他的办公室里观看，而欧洲核子研究中心周围的屏幕正将其转播给众多充满期待的物理学家们。11：45到了，还没有任何消息。随后网站表示，会在12：45公布结果。果然，比预期的时间晚了一个小时，瑞典皇家科学院的成员们出来宣布了结果。希格斯和恩格勒两人获得了当年的诺贝尔物理学奖。霍耶尔加入研究中心的人群中，为两人辉煌的成就庆贺，并向彼得·希格斯和弗朗索瓦·恩格勒举杯。

在欢欣鼓舞中，有一种轻微的失望情绪，就是诺贝尔奖评审委员会并没有抓住这次机会，让这一必然发生的变化成为可能，因为科学正渐渐成为一种合作性质的事业。诺贝尔奖评审委员会的一名成员向法国新闻社透露，在那推迟的一个小时内，出现了许多讨论，至少有一人认为这个奖应该颁给欧洲核子研究中心。但最后还是没有变成现实。现在，欧洲核子研究中心和全球的物理学界都在庆祝希格斯粒子的诞生：这是大型强子对撞机探险之旅的第一步。

11

实用性何在？

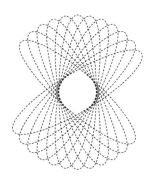

▶▶▶

对于一根蜡烛，如果用地球上最聪明的大脑来研究它，你只会得到一根更好的蜡烛。你不可能凭它得到一个电灯泡。为此，你需要一个对自然现象充满好奇心的科学家，他研究自然现象的唯一原因就是想要理解其中的原理。

在某些情况下，那样的科学家可能会认为他们的工作有一天会应用到实际生活中。就以迈克尔·法拉第为例。1850 年，在回答有关他的交流电研究的实际用途（这是发明电灯泡的前提条件）时，法拉第对财政大臣威廉·格莱斯顿说："先生，总有一天你可以对它征税。"1988 年英国首相玛格丽特·撒切尔在英国皇家学会发表演讲时的一句话证实了法拉第的信心，她说："法拉第的研究在今天所具有的价值肯定超过了证券交易所所有股票的市值！"

其他一些人，比如费米国家加速器实验室的创始人罗伯特·威尔逊，则选择根据基础科学本身的价值来捍卫其意义。当国会问他费米国家加速器实验室对美国的安全有何贡献时，他的回答是："这不能保卫国家，但它令我们的国家更值得保卫。"他说得很有道理，但法拉第传递的信息意义也很深远：拿现代任何一项技术为例，如果追溯其过去，很可能你会在它的起源处发现一位充满好奇心的科学家。尽管威尔逊表明了费米国家加速器实验室具有的崇高理想价值，但多年来，实验室已经为整个社会做出了许多实际的贡献。

粒子物理学为之做出巨大贡献的领域之一就是医学。粒子物理学依赖于粒子的加速和检测，这些技术越来越多地应用于医学诊断和治疗。认为粒子可能在医学上有用的这个观点可以追溯到该领域刚刚起步时。当威廉·伦琴于 1895 年发现 X 射线时，他所做的第一件事就是制作世界上第一张 X 射线图像，拍的是他妻子的手。而当 20 世纪 30 年代初欧内斯特·奥兰多·劳伦斯发明回旋加速器时，他的兄弟约翰做的第一件事就是用它发明了制造放射性磷的机器，这是一种用于治疗白血病和红细胞增多症的机器。

1946 年，罗伯特·威尔逊本人将这一想法又向前推进了一步，他推广将质子束用作治疗某些癌症更好的方法，因为传统的放射疗法对健康组织造成了太多的副作用。他意识到这项技术的潜力，因为与光子或电子不同，质子束的大部分能量都储存在所谓的布拉格峰（电离吸收峰）的路径末端。这使得深部肿瘤或敏感器官附近的肿瘤成了靶向治疗的对象，大大降低了对周围健康组织的伤害。

第一次用于治疗是在 1954 年，当时，约翰·劳伦斯在伯克利实验室用一台 184 英寸的同步回旋加速器上的质子束治疗病人。

三年后，又是这家实验室第一个率先将氦离子用于医学治疗。伯克利实验室的开创性角色并不局限于美国。劳伦斯的朋友兼同事科尼利厄斯·托拜厄斯是瑞典的客座科学家，1956年他在瑞典帮助建立了一个利用乌普萨拉大学回旋加速器的质子进行手术和治疗的项目。

质子疗法最早出现在物理实验室，但随着加速器、成像和计算技术的进步，它催生了专门的医院治疗中心，第一家这样的机构于1989年在英国的克拉特布里奇开业。随着医院里质子设施的建立，加速器研究界把目光转向了更重的离子，比如伯克利实验室的氦离子，因为它们比质子的冲击力更大。伯克利实验室之后，日本于1994年在千叶建立了重离子医疗加速器（HIMAC）；而德国也在达姆施塔特的GSI实验室建起了一个装置，并用这个装置在1997年治疗了第一批病人。沿着达姆施塔特往下走，就是一座中世纪的教堂，它的窗户以知识为主题，光线透过彩色玻璃照射进来，描绘出离子疗法治疗癌症的原理，这是威尔逊在1946年首次提出的设想。

欧洲核子研究中心对离子治疗的特殊贡献始于20世纪90年代。那时，粒子治疗中心已经在更多的地方建立起来了，特别是美国的哈佛和洛马林达，加拿大的加拿大粒子与核物理及加速器科学国家实验室（TRIUMF），以及瑞士的保罗谢勒研究所。这一新兴领域有许多粒子物理学界的领军人物，欧洲核子研究中心也开始了一项研究，设计一种优化后的加速器，可以根据医学治疗的需要，提供稳定剂量的粒子、质子或较重的离子。质子–离子医疗机器研究（PIMMS）经受住了考验，已经成为意大利和奥地利的专门研究中心的基础。意大利国家癌症强子疗法中心（CNAO），是由乌戈·阿玛尔迪支持的，他是欧洲核子研究中心的创始者爱德阿多·阿玛尔迪的儿子，也是一位杰出的实验物理学家。该中心在 2011 年治疗了第一批患者，而奥地利的美德奥斯特隆医疗中心也在 2016 年开始投入使用。

欧洲核子研究中心的正电子成像术的发展

反物质，特别是正电子——1928 年保罗·狄拉克的方程里带正电荷的解——在医学成像中起着至关重要的作用，欧洲核子研究中心在开发反物质的应用方面，与医学界有着长期的合作。正电子可以成为医学成像的有效工具这个想法可以追溯到 20 世纪50 年代，但直至 70 年代中期，第一张由正电子成像术（PET）拍出的图像才开始出现。

这个想法听起来像是科幻小说：将反物质放入病人体内，无害化消灭病人体内的物质，医生可以凭此方法以最高的精度去追踪病人的代谢功能。这项技术的工作原理是，将一种发射正电子的同位素与一种生物示踪剂（这种示踪剂在健康人的体内会遵循一条独特的路径）联系起来，并注入病人体内。当同位素衰变时，放射出的正电子与病人体内的电子相互湮灭，产生一对背对背光子，这对光子逃离了人体是可以被检测到的，这使得医生可以在病人体内定位示踪剂。

使这成为可能的关键发展之一是乔治·夏帕克在 1968 年发明的多丝正比室。这种发明使得带电粒子可以被电子跟踪，进而彻底改变粒子物理学和医学成像技术。夏帕克的多丝正比室甚至被安装在港口，对路过的整辆卡车进行实时的 X 光检查。

夏帕克的多丝正比室的工作原理是检测带电粒子穿过气体时留下的电离现象。然而，需要在正电子成像术扫描仪中检测到的光子是不带电荷的，因此，夏帕克的多丝正比室应用于医学成像之前，它还需要另一种发展。几年后，欧洲核子研究中心的一位物理学家艾伦·杰文斯制造了一种仪器，设计中包括一块铅板，光子在其中转换成电子，然后从铅板中逃逸出来，并在多丝正比室被检测到。1977 年，欧洲核子研究中心由杰文斯领导的研究小组首次使用该设备进行了一次正电子成像术扫描，扫描对象是一种老鼠。不久以后，欧洲核子研究中心的物理学家大卫·汤森德转去了日内瓦大学医院，开启了医院和实验室之间的合作，以建立和评估临床使用的扫描仪。

到 20 世纪 80 年代初，该医院安装的一台样机已经证明了该技术在医学诊断中的威力。汤森德非常清楚欧洲核子研究中心所扮演的角色。他解释说："正电子成像术不是在欧洲核子研究中心发明的，但研究中心一些早期成果为之做出了重大贡献。"在接下来的几年里，随着大型正负电子对撞机和大型强子对撞机实验的新型光子探测器的开发，特别是闪烁晶体及其读出系统的发展，物理学和医学之间的相互作用仍在继续。

受制于人的欧洲核子研究中心

欧洲核子研究中心开发的最普遍的技术无疑是互联网。该网络最早是由蒂姆·伯纳斯－李于 1989 年提出的，它建立在一个谱系之上，可以追溯到 20 世纪 50 年代太空竞赛的开始。1957 年 10 月 4 日，苏联将第一颗人造卫星"斯普特尼克 1 号"送入地球轨道。尽管美国人紧随其后，于次年 1 月发射了"探索者 1 号"，但他们还是被打了个措手不及，被迫承认苏联在技术上或许并不像曾经认为的那样落后。由于苏联第一颗人造卫星的缘故，艾森豪威尔总统成立了高级研究计划署（ARPA），由来自学术界的无军衔人士任职，并且将通常预留给军队的巨额资金投入其中。后期，高级研究计划署将会成为美国国防部高级研究计划局（DARPA），其中字母 D 代表"防御"，但当时还没实现。

这个新机构的使命是参与长期的研发项目，以确保美国不会再次落后于其他国家，而且这个机构有相当大的自由度去设定它自己的发展方向。高级研究计划署的第一个项目是建立一个全国范围的网络，连接全国所有大学的计算机系。它被称为阿帕网（ARPANET），并在20世纪60年代投入使用。到了20世纪70年代，它已经发展成为互联网，成为美国乃至全球许多研究领域不可或缺的研究工具。1989年，伯纳斯－李在他的建议中写道，互联网在欧洲核子研究中心已经建立起了稳固的地位，科学家们已经习惯了在自己的办公桌上拥有自己的个人电脑，或者至少是个终端的想法，并且当时已经有了蓬勃发展的数据库可以详述已有的概念，叫作"超文本"，即你可以通过点击链接，从一个文档跳转到另一个文档。伯纳斯－李的天才之处在于，他把这一切都放在了一起，也就是他在一篇标题为《关于信息化管理的建议》的文章中所描述的，他在3月将这篇文章分别发给他的同事和研究中心的管理层——回应他的是一片死寂的沉默。

伯纳斯－李遇到的问题是，很少有人能看出其中的意义。他描述的所有事情都可以在互联网上完成：你只需要知道如何去做——而大多数物理学家都知道这一点。尽管对于当时的图形用户界面，全世界已经有了显著增长，但大多数科学家使用的屏幕还是简单的基于文本的设备。伯纳斯－李可以看出，科学界其实是需要他的建议的，只是很少有人像他那样有远见。

然而，伯纳斯－李直到几年后才知道，他的上司迈克·森德尔在文件上写了这样的话"模糊，但令人兴奋"，然后才将其归档。一年后，伯纳斯－李重新提交了提案，除了日期变化以外，没有任何改变，同样也没有任何结果。但到了9月，事情有了进展，森德尔订了一台新电脑，叫NeXT Cube，表面看是为了测试它在欧洲核子研究中心的潜在用途，但他很清楚，伯纳斯－李将会用它来开发他的互联网。到了那年的圣诞节，伯纳斯－李已经掌握了网络的基本原理，并且编写了第一个浏览器和服务器。这个浏览器是一款复杂的软件，但仅限于在将其编写出来的NeXT电脑上使用。它的所有复杂的图形功能都是物理学家在基于文本的终端上无法看到的。相反，它们是通过一位学技术的学生尼古拉·佩洛编写的行模式浏览器而引入互联网的。

在高级研究计划署的早期，本着互联网精神，互联网开发就是一个网络化的全球事务，随着大量浏览器的出现，互联网开始了它不可阻挡的增长。1993年，欧洲核子研究中心根据《公约》规定，即实验室应该尽可能地让其工作结果广为人知，于是免费为公众提供基本的网络软件，从而保证了它在历史上的地位。

另一项技术最初是在欧洲核子研究中心开发的，这项技术实际上已经被我们掌握了，它是在20世纪70年代建造超级质子同步加速器时出现的。超级质子同步加速器是欧洲核子研究中心加速器中第一台拥有计算化控制系统的，两位工程师弗兰克·贝克和本特·斯顿普，着手为其设计了一个简单的用户界面系统。他们在1973年的提案中写道："只需几个旋钮和开关就能控制加速器上所有的多达数千个的数字和模拟参数，一个操作员最多只能监控6个显示器。"他们继续描述了这样一个系统，它允许操作员在众多参数之间进行切换，只需要触摸屏幕即可控制。

贝克意识到了这种新兴的触摸屏技术，但现有的设备笨拙而烦琐。斯顿普提出了一个新的建议：显示器上呈现的触摸屏具有固定数量的可编程按钮，该触摸屏由一组电容器组成，每个按钮被蚀刻在玻璃片的铜膜上，每个电容器的构造原理都是，当某种平坦的导体（比如手指表面）碰触时，会大大增加电容量，这就令计算机可以知道哪个按钮被触动了。这个系统于1976年投入使用，并在加速器控制系统中继续使用了约30年，直到后来才有了现在随处可见的鼠标。与此同时，科学仪器领域也对它们进行了商业化的开发，并应用于世界各地的实验室中。

贝克和斯顿普很快就看到了他们的发明在研究领域之外的应用潜力，并在1977年的大型汉诺威贸易博览会上以"饮料"的形式展示了这一发明，这是一种充当调酒师、混合鸡尾酒的装置。他们向瑞士手表制造商和硅谷兜售这个想法，但他们的创意超出了当时的时代。虽然超级质子同步加速器控制系统无疑具有开创性，但触摸屏技术在许多地方都得到了发展，贝克和斯顿普的发明与我们口袋里的手机或在欧洲核子研究中心的餐厅里提供咖啡的饮料调制技术之间的联系还不是很明显。然而，毫无疑问的是，基础研究环境的需求不断地挑战着独创性的极限。粒子物理学技术无处不在。

后记

下一个成果将是什么？

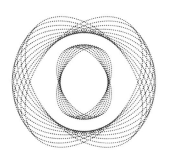

▶▶▶

欧洲核子研究中心的大型强子对撞机是人类创造史上的巨大成就。它将技术推向了前所未有的、令人难以想象的新极限。第一次提出大型强子对撞机时，人们担心当粒子束交叉相遇时记录一次以上的粒子碰撞会很费力，实际上实验中处理的是几十次的粒子碰撞。大型强子对撞机每秒钟在每一个探测器中产生近十亿次碰撞，实验人员已经完善了其过程，以筛选出那些可能包含有趣物理现象的碰撞。用来存储和分析所有这些数据的大型计算基础设施一直在与时俱进，大型强子对撞机制订了一个持续到 21 世纪 30 年代中后期的研究方案，将在 2025 年左右启动大型亮度升级计划。

研究议程的首要任务将是对希格斯粒子的全面了解，希望随着我们对它了解的深入，希格斯粒子会为物理学指明一条超越标准模型的出路。研究罕见的过程，通常是揭示新的物理学知识的好方法，这种研究方法也会随着数据量的增长而变得越来越重要。大型强子对撞机实验已经表明，它可以测量非常罕见的物理变化过程，这种过程在十亿个粒子衰变中只发生了几次。

希格斯粒子是大型强子对撞机的第一个主要成果，但自从宣布了对它的发现以来，还出现了更多的成果。例如，发现了新的奇异介子，还发现了一种叫作五夸克粒子的粒子。20世纪60年代发展起来的夸克模型预测，除了由一个夸克和一个反夸克构成的介子，以及由三个夸克构成的重子之外，还应该存在由五个夸克构成的粒子：五夸克粒子。这些发现进一步巩固了强相互作用力理论。

当大型强子对撞机启动时，有些人希望它的第一个重要结果将为超对称理论（简称SUSY）提供证据，而不是发现希格斯粒子，但事实并非如此。超对称理论是一个从数学上讲令人信服的概念，所有的费米子，像电子和夸克那样的粒子，都应该有一个所谓超对称的伙伴，像玻色子那样运动。同样，所有玻色子，比如光子或胶子，都会有一个费米子那样的超级伙伴。这样，电子就会由超电子陪伴；夸克也会由超夸克陪伴；光子会由光微子陪伴；而胶子也会由超胶子陪伴。

从理论上来讲，超对称粒子会和其他粒子一起在大波段中产生。其中大多数很早就会消失，直至剩下最轻的种类。这些粒子呈电中性，会与标准模型中的粒子发生弱相互作用，因此即使它们在宇宙中大量存在，也很难被观测到。而超对称理论有一点令人感到兴奋，就是超对称理论中剩下的粒子数量仍然十分庞大，也许大到在大型强子对撞机出现以前，没有哪种加速器可以满足其研究要求，并且它们的质量使它们成为暗物质的极好的备选粒子，暗物质是无形的，充斥在宇宙之中。

当大型强子对撞机启动时，超对称理论的支持者希望新机器的能量范围足以产生大量的超对称粒子，从而促使粒子物理学超越标准模型，并可以解释暗物质的性质。这将是一个相当厉害的发现：超越标准模型，并且一举揭示宇宙四分之一的本质。然而，迄今为止，已经证明超越标准模型的物理是一个更难攻克的难题。大型强子对撞机的实验结果表明，早期让人盲目乐观的简单的超对称理论模型是无效的。但是，科学家仍然认为超对称理论可以解释自然界的相关属性，大型强子对撞机依然有很大的空间去揭示这个理论难以捉摸的种种可能性。与此同时，许多新的理论构想和实验测试也在不断涌现，它们超越了超对称理论的范畴，扩展了标准模型，揭示了暗物质的神秘本质。

探索这些新理论的候选设备将层出不穷，从长远来看，它们将使粒子物理学超越大型强子对撞机的时代。在美国，费米国家加速器实验室正在将自己改造成一个中微子研究的实验室，而欧洲核子研究中心也在为费米国家加速器实验室制造中微子探测器，作为对美国捐赠大型强子对撞机的高亮度升级的回报。中微子为新物理学提供了一片有潜力的、可以大展身手的沃土，而高亮度的大型强子对撞机升级将令大型强子对撞机实验拥有更精确的测量，以寻找标准模型坚硬的外壳上那些可能的缝隙。

　　从长远来看，日本和中国都有建造新的对撞机的计划，而在欧洲，目前正有三个由欧洲核子研究中心协调进行的加速器研发项目：紧凑型直线对撞机（CLIC）、未来循环对撞机（FCC），以及一个叫作 AWAKE 的长期项目。紧凑型直线对撞机采用创新的加速技术将更多的能量注入电子束中，这是目前的技术尚不能驾驭的。它可以用来在一条相当于大型强子对撞机的直径长度的线性隧道中建造一个希格斯粒子工厂。未来循环对撞机是一个更大型的项目，更类似于超导超级对撞机，但它的磁铁开发项目也可能在大型强子对撞机的隧道中制造出更高能量的机器。AWAKE是一个利用质子束通过等离子体后产生的磁场来加速粒子的项目。巨大的加速梯度是可以实现的，但是要利用这样的尾流场来产生可用粒子束，研究人员还有许多工作要做。

　　在日益协调的粒子物理学世界中，欧洲的战略是从该领域的基层发展起来的，并与世界其他地区的物理学家进行磋商。当前战略周期的建议将于 2020 年提交给欧洲核子研究中心委员会。无论结果如何，有一点是肯定的：对于我们所居住的这个巨大而奇妙的宇宙，我们仍有大量未知领域需要去探索。

拓展阅读

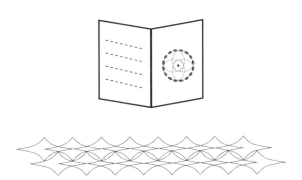

▶▶▶

欧洲核子研究中心和对撞机技术

Collider, Paul Hapern（John Wiley, 2010）

粒子物理学

Cracking the Particle Code of the Universe, John W. Moffat（OUP, 2014）

Introducing Particle Physics, Tom Whyntie & Oliver Pugh（Icon Books, 2013）

Lost in Math, Sabine Hossenfelder（Basic Books, 2018）

Particle Physics: A Very Short Introduction, Frank Close（OUP, 2004）

The Lightness of Being, Frank Wilczek（Basic Books, 2010）

Who Cares About Particle Physics, Pauline Gagnon（OUP, 2016）

量子物理学

Beyond Weird, Philip Ball（Bodley Head, 2018）

The Quantum Age, Brian Clegg（Icon, 2015）

The Quantum Universe, Brian Cox and Jeff Forshaw（Allen Lome，2011）

反物质

Antimatter，Frank Close（OUP，2009）

The Strangest Man，Graham Farmelo（Faber & Faber，2009）

希格斯粒子领域与玻色子

Higgs, Jim Baggott（OUP，2012）

Massive, Ian Sample（Virgin Books，2011）

The Particle at the End of the Universe，Sean Caroll（Dutton，2012）

致谢

　　这本书让我们得以一窥粒子物理学领域的奇妙发现之旅。当然，本书无法尽述整个研究过程，包括遇到的一波三折、死胡同和新的启程。因此，对整个物理学领域、该领域的学术巨匠、技术进步以及涉及的主要实验室情况并没有介绍或只是稍稍提及。本书重点介绍的是欧洲核子研究中心多年来为之做出巨大贡献的电弱统一理论，以及为描述希格斯粒子所用到的物理学知识。我尽力描述，人类智慧所发现的理论和发明的机器是多么非凡，它们令我们能够从非常复杂且亲近的层面理解宇宙的运行。有人说，这种科学贬低了大自然的美。在这一点上，我仅赞同伟大的理查德·费曼所提出的相反论点：科学，只能增加我们的好奇心。我希望，我已在本书中成功传达了部分这种好奇心。

　　我想感谢奥斯汀·鲍尔、斯坦·本特维尔森、蒂齐亚诺·坎波雷西、戴夫·查尔顿、乔纳森·德雷克福德、罗尔夫·霍耶尔、约翰·克里格、迈克·拉蒙特、米开朗琪罗·曼加诺、约翰·奥斯本和大卫·汤森德，他们所有人都比我更了解这个领域，并且还牺牲了宝贵的时间阅读并帮助我修改手稿。如果仍有误漏，实属我自己之责。我还要感谢该系列的编辑布赖恩·克莱格，以及英国图标书局的邓肯·希斯和罗伯特·沙曼，感谢他们对手稿提出的许多建设性意见和细致的编辑处理。最后，我要感谢我的家人，感谢他们的耐心和支持。

图书在版编目（CIP）数据

希格斯粒子：上帝粒子发现之旅 /(英) 詹姆斯·
吉利斯（James Gillies）著；倪丹烈译. — 重庆：重
庆大学出版社，2020.9
（微百科系列. 第二季）
书名原文：CERN AND THE HIGGS BOSON：The Global
Quest for the Building Blocks of Reality
ISBN 978-7-5689-2343-9

Ⅰ.①希… Ⅱ.①詹… ②倪… Ⅲ.①粒子物理学—
研究 Ⅳ.①O572.2

中国版本图书馆CIP数据核字（2020）第129150号

希格斯粒子：上帝粒子发现之旅
XIGESI LIZI: SHANGDI LIZI FAXIAN ZHI LÜ

[英] 詹姆斯·吉利斯（James Gillies）　著
倪丹烈　译
　懒蚂蚁策划人：王　斌
责任编辑：赵艳君　　装帧设计：原豆文化
责任校对：关德强　　责任印制：赵　晟
*
重庆大学出版社出版发行
出版人：饶帮华
社址：重庆市沙坪坝区大学城西路21号
邮编：401331
电话：（023）88617190　88617185（中小学）
传真：（023）88617186　88617166
网址：http://www.cqup.com.cn
邮箱：fxk@cqup.com.cn（营销中心）
全国新华书店经销
重庆市正前方彩色印刷有限公司印刷
*
开本：890mm×1240mm　1/32　印张：6.375　字数：121千
2020年9月第1版　　2020年9月第1次印刷
ISBN 978-7-5689-2343-9　　定价：46.00元